LES MERVEILLES

U MAGNÉTISME

SUIVIES DES

APHORISMES DE MESMER

REVUS ET CORRIGÉS

APRÈS DES DOCUMENTS RÉCEMMENT DÉCOUVERTS

PAR

JOHANNÈS TRISMÉGISTE

Pratique de Mesmer.

PARIS. — LIBRAIRIE DE PASSARD

7, RUE DES GRANDS-AUGUSTINS

MESMER
DELEUZE
DE PUYSÉGU
H. VALENTIN.
BISSON-COTTARD

LES MERVEILLES

DU MAGNÉTISME

SUIVIES DES

APHORISMES DE MESMER

REVUS ET CORRIGÉS

D'APRÈS DES DOCUMENTS RÉCEMMENT DÉCOUVERTS

PAR

JOHANNES TRISMÉGISTE

PARIS

PASSARD, LIBRAIRE-ÉDITEUR

7, RUE DES GRANDS-AUGUSTINS.

LES MERVEILLES

DU MAGNÉTISME

I

A NOS CONTEMPORAINS.

> Le vrai peut quelquefois n'être pas vraisemblable.
>
> BOILEAU.

La France atteint à la virilité ; c'est l'âge de la force, de la raison et des lumières ; les ténèbres de l'ignorance sont dissipées, nos cercles ne sont plus formés par des êtres légers et futiles, que des bagatelles entraînent, transportent et conduisent au délire. Une certaine maturité règle nos démarches ; nous avons fait bien des progrès, et nous avançons à grands pas dans la carrière des vraies connaissances.

L'observation des phénomènes de la nature,

l'étude des agents qui la meuvent; un coup d'œil étendu sur les découvertes incroyables qui se multiplient chaque jour; une révision lumineuse des opinions qui jadis semblaient bizarres parce que des sages les avaient, par prudence, ensevelies dans de gros livres; les phénomènes de l'électricité approfondis, la transformation des éléments, les airs décomposés et connus, les rayons du soleil condensés, l'air que l'audace humaine parcourt avec science, mille autres phénomènes enfin ont prodigieusement étendu la sphère de nos connaissances. Qui sait jusqu'où nous pouvons aller? Quel mortel oserait prescrire des bornes à l'esprit humain, et déterminer quelles seront ses forces quand il aura rapproché tant de moyens épars?

Des métamorphoses, plus étonnantes que celles des anciens Magiciens, s'opèrent sous nos yeux et rendent vraisemblables celles que l'Antiquité nous rapporte. Nous avons réalisé les prétendus mensonges des Archytas, des Albert, des Archimède! Nous faisons voler des hommes, parler des têtes d'airain et brûler des corps par des miroirs à des distances considérables. Nous rendons la vie à des morts; la rage, la peste et tous les fléaux morbifiques cèdent au magnétisme!

Trop d'ignorants osent encore en douter. Auront-ils donc toujours des yeux pour ne point voir?

Puisse enfin la vérité se faire entendre!

II

VOCABULAIRE DU MAGNÉTISME

D'APRÈS

LE DOCTEUR VILLEMIN.

MAGNÉTISME. — Ce mot, dont on a étendu la signification d'une façon si abusive, doit être restreint à la seule dénomination de la propriété qu'a de produire des effets *magnétophænes* l'agent *magnétogène*.

MAGNÉTOLOGIE. — Il est à propos de donner à la science magnétique un nom générique qui l'embrasse tout entière, moyens et résultats, causes et effets. En adoptant le mot *magnétologie*, c'est mettre seulement la science *magnétologique* au rang de toutes les autres; l'innovation est si peu hardie qu'elle ne vaut vraiment pas la peine de s'en justifier.

MAGNÉTOLOGIQUE. — Dans l'alinéa précédent, il s'est présenté un exemple assez heureux de l'emploi de ce nouvel adjectif. En effet, la science du magnétisme n'est pas *magnétique*, et une société qui s'en occupe ne peut pas s'intituler *société magnétique*, ce qui est un contre-sens, car une société qui s'occupe de magnétisme n'est pas pour cela *magnétique*, tandis que société *magnétologique* est parfaitement juste et approprié à sa destination, puisque c'est une société qui s'institue pour *discourir* sur le magnétisme, sur l'influence, l'attraction et les sympathies que produit cet agent extraordinaire dans certains cas donnés.

Magnétique. — Synonyme de magnétogène ; seulement comme jusqu'à présent il avait annulé à la fois les attributs de la *magnétogénie* et de la *magnétophœnie*, pour obvier à cet inconvénient, on fera bien d'en faire usage le moins possible.

Magnétogénie. — Etymologie : μαγνης, influence, attraction, etc., γενειν, engendrer. C'est cette partie de la magnétologie qui s'occupe de la *genèse*, de la production des effets magnétiques, ou mieux : magnétophœnes. — Il y a deux sortes de magnétogénie : la naturelle qui retombe dans ce qu'on appelle la magnétoïdie ; l'artificielle, qui s'opère, soit au moyen de la seule volonté, soit à l'aide de procédés manuels ou d'instruments condensateurs, et alors elle prend le nom de magnétotechnie.

Magnétogène. — Adjectif spécifiant que ce dont on parle est du ressort des causes et non du domaine des effets.

Magnétotechnie. — Subdivision de la magnétogénie qui traite des procédés et des instruments usités pour déterminer artificiellement l'état magnétophœne.

Magnétotechnique. — Adjectif d'un rare usage.

Magnétophænie. — Etymologie : μαγνης, influence, φαινειν, montrer ; même racine que phénomène φαινομενος, c'est la branche de la magnétologie qui s'occupe des phénomènes, des effets magnétiques. Les effets sont naturels, spontanés, et alors ils rentrent dans la magnétoïdie. Ils sont artificiels, provoqués, magnétotechniques, et alors ils restent dans le domaine de la magnétophænie.

MAGNÉTOPHÆNE. — Adjectif spécifiant que ce dont on parle est dans la classe des effets et non dans celle des causes magnétiques.

MAGNÉTOÏDIE. — Etymologie : μαγνης, influence, ειδος, semblable, analogue. C'est cette division de la magnétologie qui rassemble tous les faits qui ont une très-grande analogie avec les phénomènes magnétiques, mais que l'on regarderait abusivement comme identiques, ne fût-ce que pour la différence de cause qui les produit. Cette expression est appelée à jeter quelques lumières sur certains points de l'histoire magnétologique, en établissant une ligne de démarcation entre des phénomènes qui, pour être analogues, ne doivent cependant pas être confondus.

MAGNÉTOÏDE. — Adjectif dont-il n'est pas besoin de faire saillir toute l'utilité, ne fût-ce que pour ne pas préjuger certaines questions encore problématiques.

III

DU MAGNÉTISME.

> L'homme voit les anges et les esprits quand il plaît à Dieu de dépouiller en lui le grossier de l'humanité, d'ouvrir les yeux de son esprit pour lui faire voir l'ange dans l'homme... C'est pourquoi on donnait anciennement aux prophètes de voyants.
>
> SWEDENBORG.

C'est à l'école des faits que l'on apprend à connaître la vérité; c'est par l'observation de ce qui se manifeste à nos sens que nous pouvons parvenir à découvrir les causes que la Nature dérobe à notre premier aperçu. Souvent les théories les plus brillantes sont dues à l'observation des faits les plus simples. Mais observer n'est pas toujours facile; bien observer, l'est encore moins. L'esprit humain, à cause de son penchant irrésistible à généraliser, se trouve arrêté à chaque pas. Lorsqu'il a franchi les premiers intervalles, il ne voit plus que sujets de contradiction pour les idées générales qu'il s'est hâté d'adopter. Toutes ces anomalies le rebutent, et c'est au moment d'atteindre au résultat satisfaisant que souvent il s'arrête; car, presque toujours, lorsque la Nature paraît se contredire à nos yeux, c'est que nous ne savons pas l'observer dans ses secrets. Tantôt la volonté, tantôt la possibilité nous manquent; quelquefois un simple préjugé nous arrête.

Au mot de *Magnétisme*, par exemple, des esprits timides, vétilleux et moutonniers se sont récriés. Sans même vouloir songer à donner de bonnes raisons pour motiver leur incrédulité ou leurs scrupules, ils ont critiqué le mot seul. Et pourtant le Magnétisme existe! Combien un jour, et ce jour est rapproché, l'Humanité tout entière ne sera-t-elle pas heureuse de profiter de ses merveilleux bienfaits!

Qu'il y a à dire sur le Magnétisme! Il touche à tout ce qui intéresse l'Homme. L'étude des lois qui régissent le monde physique n'est-elle pas déjà éclairée de nouvelles lumières, depuis les observations du Somnambulisme? Ces phénomènes d'antipathie et de sympathie, observés dans chaque règne de la Nature, sont maintenant expliqués très-naturellement par la démonstration de l'origine commune de tous ces agents de puissance, ces fluides divers que la Physique avait spécialisés comme essentiels. Bientôt un magnétiseur agira sur un instrument comme le physicien agit sur un électromètre par le fluide électrique, sur un galvanomètre par le fluide électro-magnétique, et sur une aiguille aimantée par le fluide magnétique du globe. Bien plus, on arrivera à modifier par le fluide nerveux les autres fluides, et à reconnaître aussi l'identité de tous ces agents.

L'Art de guérir aussi sera profondément modifié dans ses principes et dans sa pratique. Quelle bizarrerie ! Retourner à la médecine de l'intuition ! Revenir à ces pratiques mystérieuses de l'Antiquité !

Et la Philosophie, que recevra-t-elle du magnétisme ? Elle prendra des bases certaines, le scepticisme aura satisfaction, car il pourra toucher ces mystères du spiritualisme, qui heurtaient sa raison.

Ces trois catégories répondent aux besoins les plus importants de l'Esprit humain : — désir de connaître ; instinct de conservation ; sentiment des choses métaphysiques. Toujours les génies qui ont brillé sur la terre ont cherché, chacun dans sa sphère, à dérober ce triple secret ; mais tous ceux qui n'ont voulu pour flambeau que la raison humaine, ont dévié de la route ; témoins, les médecins qui ont complétement oublié la médecine instinctive ; témoins, les philosophes qui ont fait mille sectes.

Or, l'étude approfondie du Magnétisme remettra dans la voie qui mène à la vérité : la Physique, la Médecine et la Philosophie.

Mesmer a rendu un service immense au Magnétisme en réunissant tous ses principes épars, en en créant un seul corps, et surtout en popularisant — le plus qu'il a été permis à ses courageux efforts — cette science admirable. Gloire à Mesmer !

Toutefois, Mesmer n'a pas le droit de revendiquer l'honneur de sa doctrine, car on en retrouve tous les éléments disséminés dans des ouvrages de plus d'un siècle antérieur à sa naissance ; assertion dont il est facile d'apprécier la valeur, en lisant les écrits de Paracelse, de Van Helmont, de Santanelli et de Maxwell.

Quant au Magnétisme, ses pratiques étaient connues dès l'antiquité la plus reculée — ainsi que nous le prouverons dans le chapitre suivant. — N'est-ce pas à l'action et à la volonté magnétique qu'on doit attribuer la plupart des cures merveilleuses, des phénomènes, des visions et des miracles consignés dans les manuscrits et dans les livrer les plus anciens? N'est-ce pas le magnétisme qu'employaient souvent les Prophètes, les Prêtres égyptiens, les Sibylles, les Druides, les Thaumaturges, les Exorcistes, les Convulsionnaires, les Extatiques? etc. Toutefois, les vrais miracles opérés sur les tombeaux des Saints se reconnaissent à des caractères qu'il n'est pas au pouvoir des hommes d'imiter; mais on doit retrancher de la liste des anciennes légendes une foule de cures surprenantes où la Religion et la Foi ne sont intervenues que comme des dispositions éminemment favorables à l'action naturelle du magnétisme.

Qui, d'ailleurs, oserait nier les phénomènes de la *Prévision ?*

Tout événement a été vu dans la prescience éternelle avec ses causes et ses conséquences. La vie humanitaire, collective des vies individuelles, n'est que l'ensemble des actions et réactions que chaque individualité subit ou fait subir dans sa sphère d'activité. Si un instinct, ou sentiment, une détermination de l'un des membres de la grande famille engendre un fait, ce fait était connu de Dieu — dès le commencement — comme devant naître de la volonté de l'Homme, et comme devant produire tel résultat.

Aussi, l'Avenir n'est pas seulement le propre de

Dieu, il n'est pas seulement un temps dans sa prescience divine et infinie; il est en Dieu et hors de Dieu; il est, si l'on peut s'exprimer ainsi, autour de lui. C'est une expansion de sa prescience, comme l'Esprit de vie des mondes est l'expansion de l'Esprit divin. L'Ame humaine, qui est intelligence, qui est image de l'Etre, peut donc s'unir à l'Avenir, le sentir et le comprendre, comme elle peut — elle qui est lumière — entrer en conjonction avec l'Esprit de Dieu, la lumière incréée.

Tout sort de Dieu, tout retourne à Dieu!

IV

LE MAGNÉTISME DANS TOUS LES SIÈCLES.

> Si j'ai du plaisir à m'instruire de quelque chose, c'est pour le communiquer, et je ne voudrais point du plus beau secret du monde pour moi seul.
>
> SENÈQUE.

L'ignorance de la physique a été, de tout temps, l'une des principales causes de la superstition. Qui doute que nos pères n'aient imaginé les dieux pour expliquer les effets de la nature, dont ils ne pouvaient deviner la cause. Les Indiens, les nègres, une partie des habitants de la terre adorent encore les vents, les trombes, les ouragans, les volcans, etc.; ce sont ces accidents que les anciens vénéraient sous les noms d'Eole, de Jupiter, de Vulcain, etc.

Par une suite de cette ignorance, ils ont dû diviniser ceux auxquels ils ont vu produire des effets extraordinaires. Mais, comme l'idée des génies bienfaisants et malfaisants naquit à peu près dans le même moment, tel homme ignorant fut placé sur l'autel, tel homme instruit fut traîné sur l'échafaud. Les charlatans hardis réussirent; les autres furent obligés de se cacher, d'ensevelir leurs connaissances sous des allégories, de les expliquer à leurs disciples, ou dans des cavernes et au fond des forêts; c'est ce que firent les Brachmanes, les Gymnosophistes et tant d'autres. Les livres, ou la doctrine de ces sages, nous sont presque inconnus; quelques fragments nous en ont été conservés dans les philosophes grecs et latins, et une centaine de leurs maximes se trouvent éparses dans des livres infiniment rares. Mais peu de personnes les reconnaissent à côté du bavardage mystique, des pratiques enfantines des Alchind, des Geber, des Th. Bungey, des Georg. Ripley, des Venius, etc.

Nous allons rapprocher quelques principes répandus dans leurs ouvrages, et citer des faits dont ils appuient leurs systèmes.

Les Brachmanes, du temps d'Apollonius, admettaient cinq éléments : la terre, l'eau, l'air et le feu; le cinquième était une matière déliée et subtile de laquelle étaient faits les dieux et les génies. Les Larves et les Lémures des Egyptiens, des Grecs et des Romains, l'âme de l'homme, suivant leurs systèmes, étaient aussi composées d'une substance matérielle, légère, impalpable, invisible, mais susceptible d'éprouver des sensations.

On connaît le système de Pythagore, qui peuplait l'air de millions d'esprits, de la nature des Larves, s'occupant à régir le monde et les corps célestes; c'est avec le secours de ces êtres rapides comme la pensée que les sages ont jadis produit des effets incroyables. Ce nombre infini d'agents, prêts à leur obéir, voilaient la clarté du soleil, faisaient pâlir la lune, écrivaient sur son disque des caractères qu'on voulait faire lire d'un bout de la terre à l'autre, dirigeaient les vents et la foudre, guidaient les corps célestes, rassemblaient leurs influences, et, les ayant réunies dans des foyers qu'on nommait Talesmaces, Philactères et Abraxas, ils préservèrent de tout danger, chassèrent la peste, métamorphosèrent les métaux, formèrent les cicognes de Virgile, le bâton d'Abaris, l'anneau de Gygès, et tant d'autres merveilles que les découvertes modernes rendent moins invraisemblables.

Il nous paraît évident que les anciens appelaient *esprit* ce que nous nommons *magnétisme.*

Apollonius, voyageant chez les Brachmanes, étudia leur doctrine et profita surtout des leçons d'Iarchas, leur chef. Ce dernier lui fit voir un puits, large de quatre pas, sur lequel les Indiens craignaient de se parjurer. Il était fermé de deux portes; en ouvrant l'une, des vapeurs s'en élevaient, couvraient le ciel, fondaient en pluie et ranimaient la terre desséchée; l'autre laissait échapper des vents rapides qui balayaient l'atmosphère et rendaient au ciel sa sérénité. Ces deux effets, attestés par Damis et Philostrate, ne peuvent guère être rejetés que par un pyrrhonisme outré. Ce fut chez les Indiens célèbres qu'Apollonius apprit qu'il existait un cinquième élément nommé l'éther, dont les génies et les divinités étaient formés, et que le monde est un animal mâle et femelle qui, par lui-même, enfante et produit tout. Il reçut d'eux sept anneaux constellés sur lesquels étaient écrites des choses merveilleuses sur la puissance des astres et la combinaison des éléments.

Il est constant, dit Porphyre (*lib. de Responsis*), que les mages conversaient avec les démons et recevaient d'eux des conseils et des secours. Saint Cyprien, dans son *Livre sur les Idoles*, écrit que les démons se plaisent dans les statues et dans les talismans. C'est de là, dit-il, qu'ils trompent nos esprits, troublent notre sommeil, s'emparent de nos corps, contractent nos membres, détruisent notre santé, engendrent les maladies, inspirent les prophètes, etc.

Les transports au cerveau, la folie, le désordre de l'esprit et de l'imagination, les passions désordonnées, les convulsions même de la Pythie, qu'une émanation terrestre déterminait, ne sont que ce que les anciens nommaient possessions, et proviennent du magnétisme.

L'étude de la nature et de ses secrets, trop négligée, est la cause de notre ignorance, et, par conséquent, de ce ton tranchant et léger qui nous fait rejeter avec suffisance et mépris les vérités qui sortent de notre petite sphère. — Les Gymnosophistes, les Brachmanes, les Mages, les Druides et les Prêtres égyptiens, premiers contemplateurs de la nature et de ses secrets qui nous soient connus, avaient semé de grandes vérités sur la terre. Mais l'esprit systématique qu'Aristote et ses disciples introduisirent dans la Grèce fit abandonner l'étude de la nature. Ils substituèrent des raisonnements subtils à des expériences, les abstractions d'une métaphysique obscure et les rêveries de la dialectique aux vérités que l'étude de la matière avait apprises à leurs prédécesseurs.

Cependant quelques bons esprits, dans tous les temps, voulurent ramener leurs compatriotes aux vrais principes. Un grand philosophe soutint que l'homme n'était né que pour contempler l'univers et sa marche ; et Cicéron dit à Chrisippe (*lib.* 2 *de Nat. deor.*) que le philosophe doit observer la nature comme le bœuf doit labourer, comme le chien doit garder et défendre son maître, comme le coursier doit traîner un char. Dans les siècles postérieurs, quelques Arabes, plusieurs Allemands, un grand nombre de Français s'occupèrent de la science qu'on appelle encore *magie*, et, comme le propre de l'homme est d'abuser des choses les plus sacrées par des secrets dérobés et des pratiques obscures, des charlatans trompèrent, séduisirent, commirent des atrocités, dont la religion et la justice eurent satisfaction, mais aussi on persécuta tous ceux qui s'adonnèrent à la science par excellence. Descartes même, malgré son imagination et son génie, fut trompé par des êtres subalternes et par des chimères qui le révoltèrent, et il alla trop loin, frappant sur l'innocent comme sur le coupable, proscrivant et les sorciers et les sages. Accidents, qualités, vertus occultes, attractions, sympathies, antipathies, furent rejetés par ce grand homme. Il nous éloigna, pour quelque temps, du vrai chemin que les mathématiciens modernes anéantirent.

Mais l'effet des esprits froids détruisant sans élever, glaçant l'âme et ralentissant les travaux de l'imagination, ne tarda pas à s'éteindre. L'étude de l'histoire naturelle, de la physique, de la chimie se poursuivit avec ardeur et profit, et des sages plus subtils travaillèrent dans le silence à conserver et augmenter le dépôt sacré de nos lumières et de nos connaissances.

Dès cette époque, il n'y eut que ceux qui n'avaient jamais ouvert les yeux sur la nature qui purent nier les influences des différents corps. En effet, tout est émission, transpiration, respiration, exhalaison, pression dans la nature. Le monde, pour ainsi dire, est un vaste alambic d'où la nature, en chimiste habile, extrait toutes choses. L'homme est lié à toute la nature; il touche au soleil, aux étoiles les plus éloignées, soit par leurs émanations directes, soit par les corps intermédiaires qui nous les transmettent. Elles se rassemblent sur des foyers sous un point imperceptible et souvent sans changer de nature. — La rapidité des émanations est démontrée par des analogies irréfutables, par la vitesse de la lumière, par celle de notre volonté qui meut l'extrémité de notre corps dans un instant indivisible, par celle des corps célestes qui, s'ils roulent autour d'un centre commun, ou si la matière est sans bornes, se meuvent avec une vitesse infinie dans un temps borné. — La puissance des émanations est prouvée par les effets du tonnerre, par ceux de la poudre fulminante sur l'air qui l'environne, par les coins chargés de vapeurs qui brisent un rocher, par les émanations du soleil qui vivifient la nature. — La ténuité des émanations est sanctionnée par mille expériences ingénieuses. — Quant à leur marche non interrompue, toutes les objections ont été, à cet égard, depuis longtemps vaincues.

En résumé, dans tous les siècles, on a reconnu que les masses particulières étaient réunies par une force secrète que les anciens nommaient âme du monde. Les stoïciens soupçonnaient qu'un feu pénétrant formait les liens de l'univers; Platon l'appelle une substance qui se remue par elle-même. Epicure lui donne le nom de dieux, Pythagore celui de nombres. Les prêtres égyptiens disaient de ce feu, sous le nom d'Isis: « Je suis tout ce qui a « été, ce qui est et ce qui sera; personne encore « ne m'a connu. »

Ne pouvons-nous pas reconnaître et proclamer là le magnétisme?

Cette miraculeuse puissance s'est déclarée dans tous les siècles, comme elle éclate partout, dans le ciel, sur la terre, dans les plantes, dans les métaux, chez les animaux, car tout l'univers est plein de ses œuvres et de ses merveilles.

Malheureux celui qui n'en a jamais senti les salutaires influences!

V

DU SOMNAMBULISME.

L'esprit de l'homme est une lampe divine, il sonde jusqu'aux choses les plus profondes.

SALOMON.

Le somnambulisme, dit le docteur Gall, se distingue du rêve seulement, en ce que dans le rêve il n'y a que sentiment et qu'idées intérieures, tandis que dans le somnambulisme un ou plusieurs sens deviennent encore susceptibles de recevoir des impressions du dehors, et qu'un ou plusieurs instruments des mouvements volontaires sont encore mis en activité.

Le somnambulisme a plusieurs degrés; en les examinant, à commencer par le degré le plus faible, on arrivera à concevoir les phénomènes les plus étonnants qu'il présente.

Lorsque, malgré tous nos efforts pour nous tenir éveillés, nous ne pouvons plus surmonter tout à fait le sommeil qui nous accable, nous nous endormons partiellement, c'est-à-dire que, tout en dormant, sous certains rapports, nous restons encore éveillés sous d'autres : nous sommeillons. Mais nous entendons encore ce qui se passe autour de nous; c'est ainsi que l'on s'assoupit à cheval et même en marchant ; de temps en temps nous nous éveillons complétement et en sursaut.

D'habitude, le matin, nous ne nous réveillons pas complétement tout d'un coup; nous sommeillons encore, mais nous entendons sonner l'horloge et les cloches, nous entendons le chant du coq et le roulement des voitures : preuve que certains organes isolés peuvent être en activité, non-seulement en tant qu'il existe des sentiments et des idées dans l'intérieur, mais aussi en tant que ces organes mêmes sont susceptibles d'impressions du dehors.

Un rêve très-animé met en action plusieurs parties servant aux mouvements volontaires. On fait des efforts pour se sauver d'un danger, etc.; l'on pousse des cris, l'on parle, l'on rit. Les animaux mêmes font des mouvements analogues à leurs rêves ; le chien aboie et agite ses pattes, etc. Dans ces cas, l'activité, ou la veille, s'étend jusqu'aux instruments de la voix et jusqu'aux extrémités. Quelquefois la personne endormie entend pendant son rêve, de façon que l'on peut faire la conversation avec elle. Dans ces cas-là, l'instrument interne et externe de l'ouïe est dans l'état de veille.

Personne ne doute que l'on puisse entendre pendant un rêve. Mais, peut-on voir pendant un rêve ?

L'expérience prouve qu'il existe des somnambules qui voient de la façon la plus lucide, et tout en ayant les yeux hermétiquement fermés.

L'expérience prouve qu'il existe des somnambules qui annoncent des connaissances sur des matières qui leur ont été toujours inconnues; qui voient dans leur intérieur, et même dans celui des personnes que l'on met en rapport avec eux; qui perçoivent l'avenir et prédisent le cours des maladies, l'effet futur des remèdes qu'ils indiquent, les paroxysmes et le terme des maladies, etc., etc.

Il est donc démontré qu'il y a dans chaque être un autre être doué d'une science infuse, puisqu'il n'est pas donné à l'homme de savoir ce qu'il n'a pas appris.

Dire — avec la médecine — que c'est une maladie, ce n'est pas résoudre le problème ; car, enfin que ce soit une personne malade ou en santé qui étale des connaissances sur des sujets qui lui sont étrangers et absolument inconnus dans son état de veille ordinaire, c'est quelque chose de merveilleux, de supérieur. Encore une fois, celui qui parle une langue qu'il n'a jamais sue, qui dicte des remèdes, indique des plantes salutaires qu'il n'a jamais connues, qui décrit un lieu où il n'a jamais été, etc., celui-là possède infailliblement une science qui lui a été infusée, même à son insu ; puisque, rendu par le réveil à son état naturel, le somnambule ignore absolument tout ce qu'il a fait et dit pendant son sommeil, ne soupçonne même pas les connaissances qu'il a manifestées, et se retrouve enfin aussi ignorant qu'il l'était avant d'avoir été somnambulisé.

Tous les hommes ne peuvent pas être somnambules. Tous peuvent l'être en puissance, mais non en exercice, parce qu'il ne se trouve pas dans tous les mêmes dispositions physiques. Un sommeil plus ou moins profond, des fibres plus ou moins déliées, plus ou moins sensibles, mille causes qui nous sont inconnues, développent dans l'un ce qui reste sans action dans l'autre. Il y a sans doute derrière la charrue de grands orateurs, de grands généraux, de grands hommes en tous genres, non pas en action, mais en aptitude et en puissance. Il ne leur a manqué que les circonstances qui eussent mis en action les dispositions dont la nature les avait dotés; ainsi en est-il du somnambulisme. Le principe en est commun à tous les hommes, mais il ne se développe que dans ceux qui ont les dispositions morales ou physiques à son exercice, et la nature nous a fait un secret de ces dispositions.

Quoi qu'il en soit, le somnambulisme existe. La découverte s'en est faite, et elle ne se perdra pas. Le temps la mûrira; et, semblable au ruisseau qui ne devient limpide qu'après avoir roulé dans les sables et y avoir déposé son limon, de même le somnambulisme, roulant à travers les contradictions de l'intérêt, ou à travers les critiques de la fausse science, déposera tout ce que la jalousie lui a suscité d'ennemis, tout ce qu'elle lui a prêté de ridicules, tout ce qu'elle lui a supposé de dangers, et, épuré par le temps et l'expérience, il apparaîtra dans tout l'éclat que mérite une si magnifique découverte. Les passions qui l'ont poursuivi s'éteindront, et, forcée à se taire, la postérité accueillera avec empressement tous les secours dont on se refuse malheureusement à reconnaître aujourd'hui les immenses avantages.

VI

INTERVENTION D'UN ESPRIT ÉTRANGER.

L'intervention d'un esprit étranger est admise en principe (1) par les plus célèbres magnétiseurs anciens et modernes.

Wirdig, Robert Fludd, Maxwel, Kircher et Van Helmont voyaient dans le magnétisme : *l'âme du monde, l'esprit de l'univers, l'influence céleste*, etc. Pour les uns, ce principe réside dans la lumière; pour les autres, dans l'air le plus pur; pour tous, c'est un *esprit* qui pénètre tous les corps et les anime de sa vertu.

Ecoutez Libavius, disciple de Maxwel : « En ré-« fléchissant l'esprit principe du magnétisme, « comme on réfléchit la lumière dans une glace, « on peut en diriger l'action sur un individu. »

Mesmer dit positivement, comme ses maîtres du XVIe siècle, que « le magnétisme part d'un prin-« cipe universel, sidéral même; c'est en s'insi-« nuant dans la substance des nerfs qu'il les « affecte immédiatement. »

Il explique tous ces effets magnétiques, tels que pressentiments, prévisions, etc., par « la média-« tion de fluides de différents ordres qui existent

(1) Voir le remarquable mémoire intitulé : *Des Esprits et de leurs manifestations fluidiques*, que M. J. Eudes de Mirville a adressé à l'Académie en 1853.

« entre l'éther et la matière élémentaire, et qui se « trouvent aussi supérieurs à l'éther que celui-ci « peut l'être à l'air commun. »

Ainsi, tandis que le plus grand nombre des magnétiseurs actuels ne reconnaît que deux agents : la *volonté* et le *fluide nerveux*, Mesmer en reconnaissait trois : la volonté, le fluide nerveux et le magnétisme animal. Bien plus, loin encore de définir le magnétisme : la sécrétion du fluide nerveux, c'était l'action, mieux que cela, *l'insinuation d'un agent supérieur* dans la substance intime des nerfs, par la médiation des fluides supérieurs à l'éther.

Pour le docteur Deslon, ce premier disciple de Mesmer, « le fluide magnétique sort de la terre ; « c'est pourquoi il paraît abonder principalement « dans les régions polaires, où la terre aplatie offre « une surface moins profonde à son émission. »

Pour l'abbé Faria, ce magnétiseur terrible, dont la seule présence faisait évanouir les somnambules, qui l'appelaient l'ennemi de leur repos, le magnétisme n'était l'œuvre ni de la volonté ni d'aucun fluide. Selon lui, « les procédés magné« tiques, quels qu'ils soient, ne sont que la cause « occasionnelle qui engage la cause réelle et pré« cise à se mettre en action. »

Pour le docteur Teste, « c'est une manifestation « déterminée, quoique méconnue, de l'âme uni« verselle. » Dans ses leçons, il parle de « cet en« vahissement étranger, de cette cause narcotique « qui subjugue sourdement comme une sorte « d'agent toxique, dont on n'est pas le maître de « se débarrasser. » Il cite l'intervention fatale d'un

« pouvoir fascinateur, » et il explique ainsi les convulsions : « c'est la résistance à l'agent exté-« rieur, à la puissance mystérieuse et étrangère « à l'organisation, qui vient prendre possession « du corps. »

En Allemagne, le magnétisme est aussi regardé comme l'action d'un agent extérieur.

Ennemoser, de Stuttgard, convient que « la « cause magnétique se trouve entre les influences « spirituelles et matérielles mixtes, et que sa sphère « est entre la céleste et la naturelle. »

Le célèbre Eschenmayer, de Tubingen, affirme : « l'extériorité de ce principe extraordinaire, qui ré-« siste à toutes les forces physiques, mécaniques « et chimiques, et qui, pénétrant dans la substance « des corps — comme un être spirituel — triomphe « même du feu. »

Enfin, le baron Du Potet constate que : « les « effets du magnétisme animal ne sont pas sim-« plement dus au développement d'une faculté « humaine, mais il faut y reconnaître, avant tout, « l'intervention, pour le moins sollicitante, d'une « cause extra-naturelle ou surhumaine. »

VII

PROPOSITIONS MAGNÉTIQUES DE MESMER.

> Pendant le sommeil l'âme remplit toutes les fonctions, tant celles qui lui sont propres que celles du corps. Si donc quelqu'un pouvait saisir avec un jugement sain cet état de l'âme dans le sommeil, celui-là aurait fait un grand pas dans la science de la sagesse.
>
> HIPPOCRATE.

I. — Il existe une influence mutuelle entre les corps célestes, la terre et les corps animés.

II. — Un fluide universellement répandu et continué de manière à ne souffrir aucun vide, dont la subtilité ne permet aucune comparaison, et qui, de sa nature, est susceptible de recevoir, propager et communiquer toutes les impressions du mouvement, est le moyen de cette influence.

III. — Cette action réciproque est soumise à des lois mécaniques inconnues jusqu'à présent.

IV. — Il résulte de cette action des effets alternatifs qui peuvent être considérés comme un flux et reflux.

V. — Ce flux et reflux est plus ou moins général, plus ou moins particulier, plus ou moins composé, selon la nature des causes qui le déterminent.

VI. — C'est par cette opération, la plus universelle de celles que la nature nous offre, que les relations d'activité s'exercent entre les corps célestes, la terre et ses parties constitutives.

VII. — Les propriétés de la matière et du corps organisé dépendent de cette opération.

VIII. — Le corps animal éprouve les effets alternatifs de cet agent, et c'est en s'insinuant dans la substance des nerfs qu'il les affecte immédiatement.

IX. — Il se manifeste particulièrement dans le corps humain des propriétés analogues à celles de l'aimant; on y distingue des pôles également divers et opposés qui peuvent être communiqués, changés, détruits et renforcés; le phénomène même de l'inclinaison y est observé.

X. — La propriété du corps animal qui le rend susceptible de l'influence des corps célestes et de l'action réciproque de ceux qui l'environnent, manifestée par son analogie avec l'aimant, l'a fait nommer *Magnétisme animal.*

XI. — L'action et la vertu du Magnétisme animal ainsi caractérisées peuvent être communiquées à d'autres corps animés et inanimés. Les uns et les autres en sont cependant plus ou moins susceptibles.

XII. — Cette action et cette vertu peuvent être renforcées et propagées par ces mêmes corps.

XIII. — On observe à l'expérience l'écoulement

d'une matière dont la subtilité pénètre tous les corps sans perdre notablement de son activité.

XIV. — Son action a lieu à une distance éloignée, sans le secours d'aucun corps intermédiaire.

XV. — Elle est augmentée et réfléchie par les glaces, comme la lumière.

XVI. — Elle est communiquée, propagée et augmentée par le son.

XVII. — Cette vertu magnétique peut être accumulée, concentrée et transportée.

XVIII. — Les corps animés n'en sont pas également susceptibles, et il en est même, quoique très-rares, qui ont une propriété si opposée, que leur seule présence détruit tous les effets de ce magnétisme dans les autres corps.

XIX. — Cette vertu opposée pénètre aussi tous les corps; elle peut être également communiquée, propagée, accumulée, concentrée et transportée, réfléchie par les glaces et propagée par le son; ce qui constitue non-seulement une privation, mais une vertu opposée, positive.

XX. — L'aimant soit naturel, soit artificiel, est, ainsi que les autres corps, susceptible du Magnétisme animal, et même de la vertu opposée, sans que, ni dans l'un ni dans l'autre cas, son action sur le fer et l'aiguille souffre aucune altération; ce qui prouve que le principe du magnétisme diffère essentiellement de celui du minéral.

XXI. — Ce système fournit de nouveaux éclaircissements sur la nature du feu et de la lumière, ainsi que dans la théorie de l'attraction, du flux et reflux, de l'aimant et de l'électricité.

XXII. — Il prouve que l'aimant et l'électricité artificielle n'ont, à l'égard des maladies, que des propriétés communes avec plusieurs autres agents que la Nature nous offre, et que, s'il est résulté quelques effets utiles de l'administration de ceux-là, ils sont dus au Magnétisme animal.

XXIII. — On reconnaît par les faits — d'après les règles pratiques — que ce principe peut guérir immédiatement les maladies de nerfs et médiatement les autres.

XXIV. — Qu'avec son secours, le médecin est éclairé sur l'usage des médicaments ; qu'il perfectionne leur action et qu'il provoque et dirige les crises salutaires de manière à s'en rendre maître.

XXV. — Avec cette connaissance, le médecin jugera sûrement l'origine, la nature et les progrès des maladies, même des plus compliquées ; il en empêchera l'accroissement et parviendra à leur guérison sans jamais exposer le malade à des effets dangereux ou des suites fâcheuses, quels que soient l'âge, le tempérament et le sexe. Les femmes même dans l'état de grossesse et lors des accouchements jouiront du même avantage.

XXVI. — Cette doctrine enfin met le médecin en état de bien juger du degré de santé de chaque individu et de le préserver des maladies auxquelles il pourrait être exposé. L'art de guérir doit donc parvenir ainsi à sa dernière perfection.

VIII

NOTIONS ET PRINCIPES MAGNÉTIQUES DE DELEUZE.

> L'esprit, dans l'extase, s'élance, va au-devant des causes et des effets, en saisit l'ensemble avec la plus grande vitesse, et le confie à l'imagination pour en tirer le résultat futur.
>
> ARISTOTE.

I. — L'homme a la faculté d'exercer sur ses semblables une influence salutaire en dirigeant sur eux, par sa volonté, le principe qui nous anime et nous fait vivre.

II. — On donne à cette faculté le nom de *Magnétisme* : elle est une extension du pouvoir qu'ont tous les êtres vivants d'agir sur ceux de leurs propres organes qui sont soumis à la volonté.

III. — Nous ne nous apercevons de cette faculté que par les résultats, et nous n'en faisons usage qu'autant que nous le voulons.

IV. — Donc la première condition pour magnétiser, c'est de vouloir.

V. — Comme nous ne pouvons comprendre qu'un corps agisse sur un autre à distance sans qu'il y ait entre eux quelque chose qui établisse la communication, nous supposons qu'il émane de celui qui magnétise dans la direction imprimée par la volonté. C'est cette substance, la même qui entretient chez nous la vie, que nous nommons *fluide magnétique*. La nature de ce fluide est inconnue, son existence même n'est pas démontrée; mais tout se passe comme s'il existait, et cela suffit pour que nous l'admettions dans l'indication que nous donnons des moyens d'employer le magnétisme.

VI. — L'homme est composé d'un corps et d'une âme, et l'influence qu'il exerce participe des propriétés de l'un et de l'autre. Il s'ensuit qu'il y a trois actions dans le magnétisme : 1° l'action physique, 2° l'action spirituelle, 3° l'action mixte. Il est facile de distinguer que les phénomènes appartiennent à chacune de ces trois actions.

VII. — Si la volonté est nécessaire pour diriger le fluide, la croyance est nécessaire pour qu'on fasse usage, sans efforts et sans tâtonnement, des facultés qu'on possède. La confiance en la puissance dont on est doué fait aussi qu'on agit sans efforts et sans distraction. Au reste, la confiance n'est qu'une suite de la croyance; elle en diffère seulement en ce qu'on se croit doué soi-même d'une puissance dont on reconnaît la réalité.

VIII. — Pour qu'un individu agisse sur un autre, il faut qu'il existe entre eux une sympathie morale et physique, comme il en existe une entre tous les membres d'un corps animé. La sympathie physique s'établit par des moyens connus des magnétiseurs; la sympathie morale, par le désir qu'on a de faire du bien à quelqu'un qui désire en recevoir, ou par des idées et des vœux qui, les occupant également l'un et l'autre, forment entre eux une communication de sentiments. Lorsque cette sympathie est bien établie entre deux individus, on dit qu'ils sont en rapport.

IX. — Ainsi la première condition pour magnétiser, c'est la volonté; la seconde, c'est la confiance que celui qui magnétise a en ses forces; la troisième, c'est la bienveillance ou le désir de faire du bien. Une de ces qualités peut suppléer aux autres jusqu'à un certain point; mais pour que l'action du magnétisme soit à la fois énergique et salutaire, il faut que les trois conditions soient réunies.

X. — Le fluide magnétique qui émane de nous peut non-seulement agir directement sur la personne que nous voulons magnétiser, il peut encore lui être porté par un intermédiaire chargé de ce fluide auquel on imprime un mouvement déterminé.

XI. — L'action directe du magnétisme cesse lorsque le magnétiseur cesse de vouloir, mais le mouvement imprimé par le magnétisme ne cesse pas pour cela, et la plus petite circonstance suffit quelquefois pour renouveler les phénomènes qu'il a d'abord produits.

XII. — La volonté constante suppose continuité d'attention; mais l'attention se soutient sans efforts lorsqu'on a une entière confiance en ses forces. Un homme qui marche vers un but est toujours attentif à éviter les obstacles, à mouvoir ses pieds dans la direction convenable; mais cette sorte d'attention lui est si naturelle, qu'il ne s'en rend pas compte, parce qu'il a d'abord déterminé son mouvement, et qu'il reconnait en lui la force nécessaire pour le continuer.

XIII. — L'action qu'exerce le fluide magnétique étant relative au mouvement qui lui a été imprimé, cette action ne sera salutaire qu'autant qu'elle sera accompagnée d'une bonne intention.

XIV. — Le magnétisme, ou l'action de magnétiser, se compose de trois choses : 1° la volonté d'agir, 2° un signe qui soit l'expression de cette volonté, 3° la confiance au moyen qu'on emploie. Si le désir du bien n'est pas réuni à la volonté d'agir, il pourra y avoir quelques effets, mais ces effets seront désordonnés.

XV. — L'émanation du magnétiseur, ou son fluide magnétique, exerçant une influence physique sur le magnétisé, il s'ensuit que le magnétiseur doit être en bonne santé. Cette influence se faisant, à la longue, sentir sur le moral, il s'ensuit que le magnétiseur doit être digne d'estime par la droiture de son esprit, la pureté de ses sentiments et l'honnêteté de son caractère. La connaissance de ce principe est également importante pour ceux qui magnétisent et pour ceux qui se font magnétiser.

XVI. — La faculté de magnétiser existe chez tous les hommes, mais tous ne la possèdent pas au même degré. Cette différence de puissance magnétique entre les divers individus tient à ce que les uns sont supérieurs aux autres par certaines qualités morales ou physiques. Dans l'ordre moral, ces qualités sont : la confiance en ses forces, l'énergie de la volonté, la facilité de soutenir et de concentrer son attention, le sentiment de bienveillance qui nous unit à un être souffrant; la force d'âme, qui fait qu'on reste calme et que l'on conserve son sang-froid au milieu des crises les plus alarmantes; la patience, qui empêche de se lasser dans une lutte longue et pénible; le désintéressement, qui porte à s'oublier soi-même pour ne s'occuper que de l'être à qui l'on donne ses soins et qui éloigne la vanité et même la curiosité. — Dans l'ordre physique, ce sont d'abord une bonne santé, ensuite une force particulière différente de celle-là même qui sert à soulever des fardeaux ou à mettre en mouvement des corps lourds, et dont on ne reconnaît en soi l'existence et le degré d'énergie que par l'essai qu'on en fait.

XVII. — Ainsi il est des hommes qui ont une puissance magnétique fort supérieure à celle des autres; chez quelques-uns même elle est telle, que, dans plusieurs cas, ils sont obligés de la modérer.

XVIII. — La vertu magnétique se développe par l'exercice, et l'on en fait usage avec plus de facilité et de succès lorsqu'on a acquis l'habitude de s'en servir.

XIX. — Quoique le fluide magnétique s'échappe de tout le corps et que la volonté suffise pour lui imprimer une direction, les organes par lesquels nous agissons hors de nous sont les instruments les plus propres pour le lancer dans le sens déterminé par la volonté. C'est par cette raison que nous nous servons de nos mains et de nos yeux pour magnétiser. La parole qui manifeste notre volonté peut souvent exercer une action lorsque le rapport est bien établi ; les sons mêmes qui partent du magnétiseur, étant produits par une force vitale, agissent sur les organes du magnétisé.

XX. — L'action du magnétisme peut se porter à de très-grandes distances, mais elle n'agit de cette manière que sur un individu avec lequel on est parfaitement en rapport.

XXI. — Tous les hommes ne sont pas sensibles à l'action magnétique, et les mêmes le sont plus ou moins, selon les dispositions momentanées dans lesquelles ils se trouvent. Ordinairement le magnétisme n'exerce aucune action sur les personnes qui jouissent d'une santé parfaite. Le même homme qui était insensible au magnétisme dans l'état de santé en éprouve des effets dès qu'il est malade. Il est telle maladie dans laquelle l'action du magnétisme ne se fait pas apercevoir, telle autre sur laquelle cette action est évidente.

XXII. — La nature a établi un rapport ou une sympathie physique entre quelques individus; c'est par cette raison que plusieurs magnétiseurs agissent beaucoup plus promptement et plus efficacement sur certains individus que sur d'autres, et que le même magnétiseur ne convient pas également à chacun ; et plusieurs personnes se croient insensibles à l'action du magnétiseur, parce qu'elles n'ont pas rencontré le magnétiseur qui leur convient.

XXIII. — La vertu magnétique existe également et au même degré dans les deux sexes ; et les femmes doivent être préférées pour magnétiser les femmes.

XXIV. — Plusieurs personnes éprouvent beaucoup de fatigue lorsqu'elles magnétisent, d'autres n'en éprouvent pas; cette fatigue ne tient pas aux mouvements que l'on fait, mais à l'émission du principe vital ou fluide magnétique. Celui qui n'est pas doué d'une grande force magnétique s'épuiserait à la longue, s'il magnétisait tous les jours pendant plusieurs heures. Au reste, plus on est exercé à magnétiser, moins on se fatigue, parce qu'on n'emploie que la force nécessaire.

XXV. — Les enfants, depuis l'âge de sept ans, magnétisent très-bien lorsqu'ils ont vu magnétiser; ils agissent par imitation, avec une entière confiance, avec une volonté déterminée, sans nul effort, sans être distraits par le moindre doute, ni par la curiosité, mais il ne faut pas leur permettre de magnétiser, parce que cela nuirait à leur développement et pourrait les épuiser.

XXVI. — La confiance, qui est une condition essentielle chez le magnétiseur, n'est pas nécessaire chez le magnétisé; on agit également sur ceux qui croient au magnétisme et sur ceux qui n'y croient pas. Il suffit que le magnétisé s'abandonne et qu'il n'oppose aucune résistance. Cependant, la confiance contribue à l'efficacité du magnétisme comme à celle de la plupart des remèdes.

XXVII. — En général le magnétisme agit d'une manière plus sensible et plus efficace sur les personnes qui ont mené une vie simple et frugale, et qui n'ont pas été agitées par les passions, que sur celles chez qui l'action de la nature a été troublée, soit par les habitudes du grand monde, soit par les remèdes. Le magnétisme ne fait qu'employer, régulariser et diriger les forces de la nature; plus la marche de la nature a été dérangée par des agents étrangers, plus il est difficile au magnétiseur de la rétablir.

XXVIII. — Quoique le choix de tel ou tel procédé ne soit pas essentiel pour diriger l'action du magnétisme, il est utile de s'être fait une méthode que l'on suit par habitude et sans y penser, afin de n'être jamais embarrassé, et de ne pas perdre de temps à chercher quels mouvements il est le plus à propos de faire.

XXIX. — Lorsqu'on a acquis l'habitude de concentrer son attention et de se séparer de tout ce qui est étranger à l'objet dont on s'occupe, on éprouve en soi-même une impulsion instinctive qui détermine à porter l'action sur tel ou tel organe, et à la modifier de telle ou telle manière. — Il faut obéir à cette impulsion sans en rechercher la cause. Lorsque la personne qu'on magnétise s'abandonne entièrement à l'action qu'on exerce, sans être distraite par d'autres idées, il arrive souvent qu'un instinct semblable la met à même d'indiquer les procédés qui lui conviennent le mieux, et le magnétiseur doit alors se laisser diriger par elle.

XXX. — Le magnétisme excite souvent des douleurs ou des crises, dont il ne faut jamais s'inquiéter, et qu'il est même dangereux parfois d'interrompre ou de troubler.

XXXI. — La faculté du magnétisme étant la plus belle et la plus précieuse que Dieu ait donnée à à l'Homme, il doit regarder l'exercice du magnétisme comme un acte religieux qui exige le plus grand recueillement et la plus grande pureté d'intention.

IX

VÉRITÉS MAGNÉTIQUES

RECONNUES PAR

L'ACADÉMIE DE MÉDECINE DE PARIS.

> L'homme réunit en lui toutes les puissances de la nature, il communique par ses sens avec les objets les plus éloignés; son individu est un centre où tout se rapporte, un point où tout l'univers entier se réfléchit, un monde en raccourci.
>
> BUFFON.

Au temps de Mesmer, la Société royale de médecine fit faire de nombreuses expériences sur le magnétisme, et les rapports de ses commissaires ne lui furent point favorables; cependant, l'un d'eux, M. de Jussieu, s'isola de la commission et rédigea un rapport extraordinaire.

Depuis, malgré la réprobation dont il était frappé, le magnétisme donna lieu à de laborieuses recherches et à des observations multipliées. On vit même des membres de l'Académie royale de médecine s'en occuper spécialement.

Enfin, ce corps illustre, institué pour faire progresser la science et accroître le soulagement de l'humanité, ne crut pas pouvoir se refuser plus longtemps à recommencer l'examen du magnétisme animal, après y avoir été provoqué par le vœu public que lui transmit courageusement le docteur Foissac en 1825.

Une nouvelle commission fut nommée en 1826; elle était composée de MM. Bourdois de Lamotte, président; Double, Fouquier, Itard, Queneau de Mussy, Guersent, J. J. Leroux, Magendie, Marc, Thillaye et Husson.

Après cinq années d'expériences minutieuses et approfondies, le rapport de ces commissaires, lu dans les séances de l'Académie royale de médecine des 21 et 28 juin 1831, assura une éclatante victoire au magnétisme!

En voici les remarquables conclusions :

I. — Le contact des pouces ou des mains, les frictions ou certains gestes que l'on fait à peu de distance du corps, et appelés *passes*, sont les moyens employés pour mettre en rapport, ou en d'autres termes, pour transmettre l'action du magnétisme au magnétisé.

II. — Les moyens qui sont extérieurs et visibles ne sont pas toujours nécessaires, puisque, dans plusieurs occasions, la volonté, la fixité du regard ont suffi pour produire les phénomènes magnétiques, même à l'insu des magnétisés.

III. — Le magnétisme agit sur des personnes de sexes et d'âges différents.

IV. — Le temps nécessaire pour transmettre et faire éprouver l'action magnétique varie depuis une heure jusqu'à une minute.

V. Le magnétisme n'agit pas en général sur les personnes bien portantes.

VI. — Il n'agit pas non plus sur tous les malades.

VII. — Il se déclare quelquefois, pendant qu'on magnétise, des effets insignifiants et fugaces, qu'on n'attribue pas au magnétisme seul, tels qu'un peu d'oppression, de chaleur ou de froid, et quelques autres phénomènes nerveux, dont on peut se rendre compte sans l'intervention d'un agent particulier, savoir, par l'espérance ou la crainte, la prévention et l'attente d'une chose inconnue et nouvelle, l'ennui qui résulte de la monotonie des gestes, le silence et le repos observés dans les expériences; enfin, par l'imagination, qui exerce un si grand empire sur certains esprits et sur certaines organisations.

VIII. — Un certain nombre de phénomènes physiologiques et thérapeutiques dépendent du magnétisme.

IX. — Les effets réels produits par le magnétisme sont très-variés; il agite les uns, calme les autres; le plus ordinairement il cause l'accélération momentanée de la respiration et de la circulation, des mouvements convulsifs fibrillaires passagers, ressemblant à des secousses électriques, un engourdissement plus ou moins profond, de l'assoupissement, de la somnolence, et dans un petit nombre de cas, ce que les magnétiseurs appellent *somnambulisme.*

X. — L'état de somnambulisme existe quand il donne lieu au développement des facultés nouvelles qui ont été désignées sous les noms de *clairvoyance, d'intuition, de prévision intérieure,* ou qu'il produit de grands changements dans l'état physiologique, comme l'*insensibilité,* un *accroissement subit et considérable de forces,* et quand cet effet ne peut être rapporté à une autre cause.

XI. — Souvent le sommeil, provoqué avec plus ou moins de promptitude, et établi à un degré plus ou moins profond, est un effet réel du magnétisme.

XII. — Le sommeil est provoqué dans des circonstances où les magnétisés n'ont pu avoir et ont ignoré les moyens employés pour le déterminer.

XIII. — Lorsqu'on a fait tomber une fois une personne dans le sommeil magnétique, on n'a pas toujours besoin de recourir au contact et aux passes pour la magnétiser de nouveau. Le regard du magnétiseur, sa volonté seule ont sur elle la même influence. Dans ce cas, on peut non-seulement agir sur le magnétisé, mais encore le mettre complétement en somnambulisme, et l'en faire sortir à son insu, hors de sa vue, à une certaine distance et au travers des portes fermées.

XIV. — Il s'opère ordinairement des changements plus ou moins remarquables dans les perceptions et les facultés des individus qui tombent en somnambulisme par l'effet du magnétisme.

Quelques-uns, au milieu du bruit de conversations confuses, n'entendent que la voix de leur magnétiseur; plusieurs répondent d'une manière précise aux questions que celui-ci ou que les personnes avec lesquelles on les a mis en rapport, leur adressent; d'autres entretiennent des conversations avec toutes les personnes qui les entourent; toutefois, il est rare qu'ils entendent ce qui se passe autour d'eux. La plupart du temps ils sont complétement étrangers au bruit extérieur et inopiné fait à leur oreille, tel que le retentissement de vases de cuivre vivement frappés près d'eux, la chute d'un meuble, etc.

Les yeux sont fermés, les paupières cèdent difficilement aux efforts qu'on fait avec la main pour les ouvrir. Cette opération, qui n'est pas sans douleur, laisse voir le globe de l'œil convulsé et porté vers le haut, et quelquefois vers le bas de l'orbite.

Quelquefois l'odorat est comme anéanti. On peut leur faire respirer l'acide muriatique ou l'ammoniaque, sans qu'ils en soient incommodés, sans même qu'ils s'en doutent. Le contraire a lieu dans certains cas, et ils sont sensibles aux odeurs.

La plupart des somnambules sont complétement insensibles; on peut leur chatouiller les pieds, les narines et l'angle des yeux par l'approche d'une plume, leur pincer la peau de manière à l'ecchymoser, la piquer sous l'ongle avec des épingles enfoncées à l'improviste, à une assez grande profondeur, sans qu'ils témoignent de la douleur, sans qu'ils s'en aperçoivent. Enfin, il en est qui sont insensibles aux opérations les plus douloureuses de la chirurgie, et dont ni la figure, ni le pouls, ni la respiration ne dénotent pas la plus légère émotion.

XV. — Le magnétisme a la même intensité, il est aussi promptement ressenti à une distance de six pieds que de six pouces, et les phénomènes qu'il développe sont les mêmes dans les deux cas.

XVI. — L'action à distance ne paraît pouvoir s'exercer avec succès que sur des individus qui ont été déjà soumis au magnétisme.

XVII. — Il est rare qu'une personne magnétisée pour la première fois, tombe en somnambulisme ; ce n'est guère qu'à la huitième ou dixième séance que le somnambulisme se déclare.

XVIII. — Le sommeil ordinaire — qui est le repos des organes des sens, des facultés intellectuelles et des mouvements volontaires — précède et termine constamment l'état de somnambulisme.

XIX. — Pendant qu'ils sont en somnambulisme, les magnétisés conservent l'exercice des facultés qu'ils ont pendant la veille. Leur mémoire même paraît plus fidèle et plus étendue, puisqu'ils se souviennent de ce qui s'est passé pendant tout le temps et toutes les fois qu'ils ont été en somnambulisme.

XX. — A leur réveil, ils disent avoir oublié totalement toutes les circonstances de l'état de somnambulisme et ne s'en ressouvenir jamais.

XXI. — Les forces musculaires des somnambules sont quelquefois engourdies et paralysées ; d'autres fois les mouvements ne sont que gênés, et les somnambules marchent ou chancèlent à la manière des hommes ivres, et sans éviter, quelquefois aussi en évitant les obstacles qu'ils rencontrent sur leur passage. Il y a des somnambules qui conservent intact l'exercice de leurs mouvements ; on en voit même qui sont plus forts et plus agiles que dans l'état de veille.

XXII. — Des somnambules distinguent, les yeux fermés, les objets que l'on a placés devant eux, — désignent, sans les toucher, la couleur et la valeur des cartes, — lisent des mots tracés à la main ou quelques lignes de livres ouverts au hasard. — Et ces phénomènes ont lieu alors même qu'avec les doigts on ferme exactement l'ouverture des paupières.

XXIII. — Des somnambules prévoient des actes de l'organisme plus ou moins éloignés, plus ou moins compliqués. — Il en est qui annoncent plusieurs jours, plusieurs mois d'avance, le jour, l'heure et la minute de l'invasion et du retour d'accès épileptiques ; d'autres indiquent l'époque de sa guérison, et leurs prévisions se réalisent avec une exactitude remarquable.

XXIV. — Considéré comme agent de phénomènes physiologiques, ou comme moyen thérapeutique, le magnétisme doit trouver sa place dans le cadre des connaissances médicales, comme une branche très-curieuse de psychologie et d'histoire naturelle.

X

DU MAGNÉTISÉ.

Avant de détailler la pratique du magnétisme, voyons d'abord quels sont les sujets les plus aptes à être magnétisés.

Les femmes sont incomparablement plus magnétisables que les hommes, ce qui se conçoit facilement puisque, par leur organisation, elles ont plus de sensibilité, plus d'exaltation, plus de vénération, et moins d'énergie et d'orgueil. Par conséquent, leur foi est plus vive, condition indispensable pour la production des phénomènes magnétiques.

Quand les femmes croient, elles croient vivement; elles savent sentir et non pas raisonner.

Il n'en est pas ainsi des hommes. Ils ne croient que difficilement, et souvent même, quand ils sont arrivés à croire, ils ont encore l'extrême faiblesse de rougir de leur croyance.

En outre, les femmes sont beaucoup plus faibles, plus délicates et impressionables que les hommes, parce que chez elles le système nerveux est le système prédominant.

Quant aux enfants, plusieurs auteurs prétendent que c'est à tort qu'on les magnétise, puisqu'on ne peut rien obtenir d'eux.

Nous pouvons affirmer qu'ils se sont trompés, et que, même chez l'enfant, on obtient de beaux résultats en expériences physiques et salutaires. La première jeunesse et l'adolescence sont les époques de la vie les plus favorables au magnétisme, et c'est surtout à l'approche ou dans les premiers temps de la puberté que les jeunes filles offrent le plus de prise à l'action magnétique. Toutefois, on doit s'abstenir d'opérer sur une jeune fille qui voit pour la première fois les indices de la puberté, ainsi que sur les femmes qui atteignent l'âge critique.

En général, le magnétisme réussit activement chez les femmes délicates, dépourvues d'embonpoint, douées d'une sensibilité très-vive, enthousiastes et ardentes.

Choisissez surtout des personnes qui vous soient sympathiques et qui aient entière confiance en vous, car l'antipathie morale et le manque de confiance sont deux ennemis déclarés du magnétisme.

XI

DU MAGNÉTISEUR.

Il faut que le magnétiseur n'ait rien de repoussant, car il est évident que la répugnance ne peut pas disposer à recevoir l'agent magnétique. En outre, il doit être bien portant, parce que son action sera plus forte, son influence plus bienfaisante, et que les magnétiseurs mal portants occasionnent des douleurs à leurs magnétisés; — dans la force de l'âge ou dans l'âge mûr, parce que l'énergie de la volonté est alors à son plus haut degré; — qu'il soit grave, affectueux, parce que ces qualités attirent la confiance et l'abandon. Qu'il soit aussi supérieur au magnétisé si c'est possible, soit par son rang, son âge, ses qualités intellectuelles et morales, soit de toute autre manière; en un mot, il faut qu'il exerce sur le magnétisé un ascendant quelconque!

Que rien ne vienne distraire le magnétiseur pendant qu'il opère; son attention doit être pleine et entière, car toute distraction est funeste à son succès.

Parmi les magnétiseurs, ceux qui sont vifs, ardents, enthousiastes, réussissent mieux; ils paraissent aux magnétisés jeter des flammes. L'expression du visage aide puissamment l'action magnétique, les regards et l'air pénétré du magnétiseur sont de précieux auxiliaires.

XII

DE LA PRATIQUE.

Pour expérimenter, il est d'absolue nécessité d'avoir peu de témoins et d'opérer dans le calme et dans des lieux qui n'inspirent à l'âme ni émotion, ni contrariété.

Il faut aussi avoir confiance dans sa force, ne pas douter de soi, et être rempli de sécurité pour la personne magnétisée.

Telles sont les premières conditions du magnétisme.

Passons maintenant aux procédés.

Le magnétiseur doit se placer en face de la personne qu'il magnétise, et la faire asseoir de manière à la toucher par les genoux et le bout des pieds. Alors, il lui prendra les deux pouces de manière à ce qu'ils soient parallèles intérieurement aux siens. Il restera ainsi environ deux minutes, temps suffisant pour la mise en rapport.

Il est utile que le magnétiseur ne soit pas distrait, et que, les premières fois seulement, ses jambes restent posées sur le sol, sans les croiser ni les porter sur une chaise.

Après la mise en rapport, portez les deux mains au front, pendant deux ou trois minutes seulement, en ayant soin qu'elles soient concaves autant que possible, afin d'y conserver plus de chaleur, ce qui est fort utile, le froid étant toujours contraire au magnétisme, ainsi que l'électricité. D'où il résulte qu'on doit opérer dans un appartement chaud, et s'abstenir de magnétiser lorsque le temps est à l'orage.

Aussitôt après l'imposition des mains, descendez-les lentement tout le long des bras et des jambes, jusqu'aux extrémités des pieds, en ayant soin de renouveler ces passes cinq à six fois, et de tenir — comme pour toutes les autres passes — vos doigts un peu écartés, et les mains légèrement courbées.

Vous vous arrêterez dans ces grandes passes une minute au moins sur les oreilles, puis une autre minute sur les épaules, sans toucher, et toujours parallèlement aux oreilles et aux épaules.

Ces passes se commencent depuis le milieu de la tête, et il faut avoir soin de fermer les mains dès qu'elles arrivent aux extrémités des pieds. Puis, vous les ouvrez subitement quand elles sont ramenées sur la tête, où vous les portez avec force.

La volonté d'agir doit être continuellement calme et soutenue.

A ces premières passes en succèdent d'autres depuis la tête jusqu'aux extrémités des bras; puis jusqu'à la ceinture en passant lentement les mains devant la figure.

On peut s'arrêter sur l'estomac en plaçant les deux mains parallèles l'une à l'autre, et en dirigeant l'extrémité des doigts sur l'estomac même.— Toutefois on ne doit se servir qu'à toute extrémité de ces dernières passes, très-fatigantes pour la personne magnétisée.

Souvent aussi l'on pratique des passes tout autour de la personne magnétisée ; puis, on divise les deux mains en passant l'une devant et l'autre derrière. — Ces passes s'emploient jusqu'à la ceinture.

Autant que possible magnétisez tous les jours à la même heure et à peu près le même temps. Du reste, une fois parvenue au somnambulisme, la

personne magnétisée aura soin de l'indiquer elle-même, comme elle indique aussi si elle est trop ou pas assez magnétisée.

Il est encore d'autres passes qui produisent beaucoup d'effet, même sur les personnes les moins magnétisables. Ce sont celles qui sont prises depuis l'extrémité de la tête, et ramenées seulement jusqu'aux yeux. Là, vous placez une ou deux mains devant les yeux du magnétisé, et vous restez ainsi le plus de temps possible. Vous y déployez une grande énergie, et même il est nécessaire de n'employer qu'une seule main, pour continuer avec l'autre quand la première sera fatiguée.

Il est bien entendu que — pour la mise en rapport, comme pour les passes — vous devez fixer la personne et ne pas la perdre de vue un seul instant.

Fixez-la soit au front, soit à l'estomac. Quand on magnétise une femme il vaut mieux la fixer à l'estomac; c'est plus décent et plus commode pour l'un comme pour l'autre.

Lorsque le magnétiseur se sent fatigué, qu'il cesse tout de suite, car alors il n'a plus aucun pouvoir.

Avec un peu d'attention on reconnaîtra, dès la première séance, quelles sont les passes qui ont le plus de puissance sur la personne qu'on veut magnétiser, et l'on devra les pratiquer aux séances suivantes.

Il suffit d'endormir deux ou trois fois pour n'avoir plus recours aux passes, car alors il suffira de la mise en rapport, et, au bout d'une huitaine on endormira facilement, même à distance d'une chambre à l'autre.

Lorsqu'on a obtenu le sommeil magnétique, il faut se garder de tourmenter le magnétisé par des questions indiscrètes; l'état ou il se trouve est tout nouveau et fort extraordinaire; il se recueille et examine. On doit donc attendre. Après quelques instants, le magnétisé parle de lui-même; exécutez alors des gestes qui vous feront connaître si vous pouvez l'interroger. Agissez avec prudence et procédez graduellement.

XIII

DU RÉVEIL DU MAGNÉTISÉ.

Ayez soin de réveiller le magnétisé aussitôt qu'il en manifeste le désir. Pour cela, exécutez quelques passes douces, afin de calmer, et avec tous les muscles détendus; ce qui est contraire dans les passes employées pour endormir.

Puis, faites des passes transversales, et soufflez de temps en temps sur toutes les parties de la tête, jusqu'à ce que vous ayez opéré un réveil complet.

Quelques sujets se réveillent par la seule volonté du magnétiseur.

Il est bien de demander d'abord aux magnétisés s'ils souffrent et s'ils sont fatigués. Dans ce cas, ne les réveillez qu'après avoir entièrement calmé ou guéri la partie malade.

Ces légers accidents arrivent quelquefois par une trop grande influence du fluide magnétique qui s'est amassé dans une seule partie du corps du magnétisé.

XIV

PRATIQUES DIVERSES.

> Les hommes, pendant qu'ils veillent, n'ont qu'un monde, lequel est commun à tous, mais, en dormant, chacun a le sien à part.
>
> PLUTARQUE

Les pratiques ne sont rien si elles ne se lient à une intention déterminée ; on peut même dire qu'elles n'engendrent pas l'action magnétique, mais leur nécessité est incontestable pour concentrer et diriger cette action, et elles doivent être variées selon le but qu'on se propose.

Nous allons relater des pratiques différentes, mais également bien employées, parce que — quelque méthode que l'on suive — les résultats sont à peu près les mêmes, et que d'ailleurs les pratiques doivent être diversifiées selon les circonstances. On se décide dans leur choix par le genre de magnétisme qu'on doit exécuter, par la commodité, par les convenances, par le soin indispensable d'éviter ou d'employer l'extraordinaire.

I. — PRATIQUE DE MESMER.

« Il faut se mettre en opposition avec la personne que l'on veut toucher, c'est-à-dire en face, de manière que l'on présente le côté gauche au côté droit du malade. Pour se mettre en harmonie avec lui, il faut d'abord poser les mains sur les épaules, suivre tout le long du bras jusqu'à l'extrémité des doigts en tenant le pouce du magnétisé pendant un moment. Recommencer deux ou trois fois, après quoi l'on établit des courants depuis la tête jusqu'aux pieds.

« Si vous cherchez alors la cause de la douleur ou de la maladie, le magnétisé vous indiquera celui de la douleur et souvent sa cause ; mais plus ordinairement c'est par le toucher et le raisonnement que vous vous assurez du siége et de la cause de la maladie et de la douleur qui, dans la plus grande partie des maladies, réside dans le côté opposé à la douleur, surtout dans les paralysies, rhumatismes et autres de cette espèce. — Vous étant bien assuré de ce préliminaire, vous touchez constamment la cause de la maladie, vous entretenez les douleurs symptômatiques, jusqu'à ce que vous les ayez rendues critiques ; par là, vous secondez l'effort de la nature contre la cause de la maladie, et vous l'amenez à une crise salutaire, seul moyen de guérir radicalement. Vous calmez les douleurs que l'on appelle symptômes symptomatiques et qui cèdent au toucher, sans que cela agisse sur la cause de la maladie, ce qui distingue cette sorte de douleur de celles nommées symptômatiques, et qui s'irritent d'abord par le toucher, pour se terminer par une crise, après laquelle le malade se trouve soulagé et la cause de la maladie diminuée.

« Le siége de presque toutes les maladies est ordinairement dans les viscères du bas-ventre, l'estomac, la rate, le foie, l'épiploon, le mésentère, les reins, etc.; et, chez les femmes, dans la matrice et ses dépendances. La cause de toutes les maladies où l'aberration est un engorgement, une obstruction, une gêne ou suppression de circulation dans une partie qui, comprimant les vaisseaux sanguins ou lymphatiques, et surtout les rameaux de nerfs plus ou moins considérables, occasionnent un spasme ou une tension dans les parties où ils aboutissent, et surtout dans celles dont les fibres ont moins d'élasticité naturelle, comme dans le cerveau, le poumon, etc.; ou dans celles ou circule un fluide avec lenteur et épaississement, comme la synovie, destinée à faciliter le mouvement des articulations. Si ces engorgements compriment un tronc de nerfs ou un rameau considérable, le mouvement et la sensibilité des parties auxquelles il correspond est entièrement supprimé, comme dans l'apoplexie, la paralysie, etc.

« Outre cette raison de toucher d'abord les viscères pour découvrir la cause de la maladie, il en est une autre plus déterminante, les nerfs sont les meilleurs conducteurs du magnétisme qui existent dans le corps; ils sont en si grand nombre dans ces parties, que plusieurs physiciens y ont placé le siége de l'âme : les plus abondants et les plus sensibles sont le centre nerveux du diaphragme, les plexus stomachique, ombilical, etc. Cet amas d'une infinité de nerfs correspond avec toutes les parties du corps.

« On touche dans la position ci-devant indiquée avec le pouce et l'indicateur, ou avec la paume de la main, ou avec un doigt seulement renforcé par l'autre, en décrivant une ligne sur la partie que l'on veut toucher, et en suivant, le plus qu'il est possible, la direction des nerfs; ou enfin avec les cinq doigts ouverts et recourbés. Le toucher, à une petite distance de la partie, est plus fort, parce qu'il existe un courant entre la main ou le conducteur et le malade.

« On touche immédiatement avec avantage, en se servant d'un conducteur étranger. On emploie le plus communément une petite baguette, longue de dix à quinze pouces, de forme conique, et terminée par une pointe tronquée; la base est de trois, cinq ou six lignes, et la pointe d'une à deux. Après le verre, qui est le meilleur conducteur, on se sert du fer, de l'acier, de l'or, de l'argent, etc., en préférant le corps le plus dense, parce que les filières étant plus rétrécies et plus multipliées, donnent une action proportionnée à la moindre largeur des interstices. Si la baguette est aimantée, elle a plus d'action ; mais il faut observer qu'il est des circonstances, comme dans l'inflammation des yeux, le trop grand érétisme, etc., où elle peut nuire. Il est donc prudent d'en avoir deux. On magnétise avec une canne ou tel autre conducteur, en faisant attention que si c'est avec un corps étranger le pôle est changé et qu'il faut toucher différemment, c'est-à-dire de droite à droite et de gauche à gauche.

« Il est bon aussi d'opposer un pôle à l'autre, c'est-à-dire que si l'on touche la tête, la poitrine, le ventre, etc., avec la main droite, il faut opposer la gauche dans la partie postérieure, surtout dans la ligne qui partage le corps en deux parties, c'est-à-dire depuis le milieu du front jusqu'au pubis, parce que le corps représentant un aimant, si vous avez établi le nord à droite, la gauche devient sud ; et le milieu équateur, qui est sans action prédominante, vous y établissez des pôles, en opposant une main à l'autre.

« On renforce l'action du magnétisme en multipliant les courants sur les malades. Il y a beaucoup plus d'avantage à toucher en face que de toute autre manière, parce que vos courants, émanant de vos viscères et de toute l'étendue des corps, établissent une circulation avec le malade ; la même raison prouve l'utilité des arbres, des cordes, des fers, des chaînes, etc. » (Voir le chapitre : *Des conducteurs et aides magnétiques.*)

§ II. — PRATIQUE DU MARQUIS DE PUYSÉGUR.

« Considérez-vous comme un aimant dont vos bras, et surtout vos mains, sont les deux pôles; touchez ensuite un malade, en lui posant une main sur le dos et l'autre en opposition sur l'estomac; figurez-vous ensuite qu'un fluide magnétique tend à circuler d'une main à l'autre, en traversant le corps du malade.

« Vous pouvez varier cette position en portant une main sur la tête et l'autre sur l'estomac, con-

tinuant toujours à avoir la même intention, la même volonté de faire le bien. La circulation d'une main à l'autre continuera; la tête et l'estomac étant les parties du corps où il y a le plus de nerfs, ce sont les deux endroits où il faut porter le plus d'action.

« Le frottement n'est nullement nécessaire; il suffit de toucher avec attention, en cherchant à reconnaître une impression de chaleur dans le creux des mains, etc.

« Tous les effets magnétiques sont également salutaires ; un des plus satisfaisants est le somnambulisme ; mais il n'est pas le plus fréquent, et les malades, sans entrer dans cet état, peuvent également guérir.

« On ne doit pas toujours avoir la volonté de produire le somnambulisme, car le désir de produire un effet quelconque est presque toujours une raison pour n'en produire aucun (1). Un magnétiseur doit aveuglément s'en reposer sur la nature du soin de régler et de diriger les effets de son action magnétique.

« Vous reconnaîtrez que votre malade est dans l'état magnétique lorsque vous le verrez sensible de loin à votre action, en présentant le pouce devant l'estomac.

« Un malade en crise ne doit répondre qu'à son magnétiseur, et ne doit pas souffrir qu'un autre le touche.

« L'état somnambulique exige les plus grandes précautions ; il faut considérer l'homme en état magnétique comme l'être le plus intéressant qui existe par rapport à son magnétiseur ; c'est la confiance qu'il a en vous qui l'a mis dans le cas de vous en rendre maître ; ce n'est que pour son bien seul, que vous pouvez jouir de votre pouvoir. Le tromper dans cet état, vouloir abuser de sa confiance, c'est faire une action malhonnête, c'est enfin agir en sens contraire à celui de son bien ;

(1) M. le marquis de Puységur eût dû écrire : « Le désir *excessif* de produire un effet, » etc.

d'où doit s'ensuivre, par conséquent, un effet contraire à celui que l'on a produit sur lui.

« Il ne faut pas l'accabler de questions; il faut lui laisser prendre connaissance de son état.

« C'est par un acte de votre volonté que vous l'avez endormi; c'est par un acte de votre volonté que vous le réveillerez.

« Il peut arriver quelquefois qu'un malade prenne des tremblements ou de légers mouvements convulsifs; dans ce cas, il faut tout de suite cesser sa première action, pour ne plus s'occuper que de calmer ses souffrances.

« Vous ne devez pas contrarier votre somnambule; il faut le consulter sur les heures où il veut être magnétisé, sur le temps qu'il veut rester en crise, sur les médicaments dont il a besoin, et suivre à la lettre ses indications, sans y manquer d'une minute.

« Quelque éloignée que soit l'ordonnance d'un somnambule des idées que l'on peut avoir prises en médecine, sa sensation est plus sûre que toutes les données résultantes de l'observation. La nature s'exprime pour ainsi dire par sa bouche, c'est un instinct lucide qui lui dicte ses demandes; n'y point obéir à la lettre serait manquer le but qu'on se propose, qui est de le guérir. »

§ III. — PRATIQUE DE L'ABBÉ FARIA.

« Placez le malade assis devant vous, en l'engageant à fermer les yeux et à se recueillir. Alors concentrez-vous un instant, et quand votre imagination sera fortement montée, prononcez, d'une

voix haute et impérative, le mot : *Dormez !* Si l'épreuve ne réussit pas, répétez-la une ou deux fois, et s'il y a nullité d'action, c'est que le malade est incapable d'être endormi. »

§ IV. — PRATIQUE DE DELEUZE.

« Lorsqu'un malade désire que vous essayiez de le guérir par le magnétisme, et que sa famille et son médecin n'y mettent aucune opposition ; lorsque vous sentez le désir de seconder ses vœux, et que vous êtes bien résolu de continuer le traitement autant qu'il sera nécessaire, fixez avec lui l'heure des séances, faites-lui promettre d'être exact, de ne pas se borner à un essai de quelques jours, de se conformer à vos conseils pour son régime, de ne parler du parti qu'il a pris qu'aux personnes qui doivent naturellement en être informées.

« Une fois que vous serez ainsi d'accord et convenu de traiter gravement la chose, éloignez du malade toutes les personnes qui pourraient vous gêner; ne gardez auprès de vous que les témoins nécessaires (un seul s'il se peut); demandez-leur de ne s'occuper nullement des procédés que vous employez et des effets qui en sont la suite, mais de s'unir d'intention avec vous pour faire du bien au malade; arrangez-vous de manière à n'avoir ni trop chaud, ni trop froid, à ce que rien ne gêne la liberté de vos mouvements, et prenez des précautions pour n'être pas interrompu pendant la séance.

« Faites ensuite asseoir votre malade le plus commodément possible, et placez-vous vis-à-vis de lui, sur un siége un peu plus élevé et de manière que ses genoux soient entre les vôtres et que vos pieds soient à côté des siens. Demandez-lui d'abord de s'abandonner, de ne penser à rien, de ne pas se distraire pour examiner les effets qu'il éprouvera, d'écarter toute crainte, de se livrer à l'espérance et de ne pas s'inquiéter ou se décourager si l'action du magnétisme produit chez lui des douleurs momentanées.

« Après vous être recueilli, prenez ses pouces

entre vos doigts, de manière que l'intérieur de vos pouces touche l'intérieur des siens et fixez vos yeux sur lui. Vous resterez de deux à cinq minutes dans cette situation, ou jusqu'à ce que vous sentiez qu'il s'est établi une chaleur égale entre ses pouces et les vôtres; cela fait, vous retirerez vos mains en les écartant à droite et à gauche, les tournant de manière que leur surface intérieure soit en dehors, et vous les élèverez jusqu'à la hauteur de la tête; alors vous les poserez sur les deux

épaules, vous les y laisserez environ une minute, et vous les ramènerez le long des bras, jusqu'à l'extrémité des doigts, en touchant légèrement. Vous recommencerez cette passe cinq ou six fois, toujours en détournant vos mains et en les éloignant un peu du corps pour remonter; vous placerez ensuite vos mains au-dessus de la tête, vous les y tiendrez un moment, et vous les descendrez en passant devant le visage, à la distance d'un ou deux pouces, jusqu'au creux de l'estomac; là, vous vous arrêterez encore environ deux minutes en posant les pouces sur le creux de l'estomac et les autres doigts au-dessous des côtes; puis, vous descendrez lentement le long du corps jusqu'aux genoux, ou mieux, et si vous le pouvez sans vous déranger, jusqu'au bout des pieds. Vous répéterez les mêmes procédés pendant la plus grande partie de la séance. Vous vous rapprocherez aussi quelquefois du malade de manière à poser vos mains derrière ses épaules pour les descendre lentement le long de l'épine du dos, et de là sur les hanches et le long des cuisses jusqu'aux genoux et jusqu'aux pieds. Après les premières passes, vous pouvez vous dispenser de poser les mains sur la tête, et faire les passes suivantes sur les bras en commençant aux épaules, et sur le corps en commençant à l'estomac.

« Lorsque vous voudrez terminer la séance, vous aurez soin d'attirer vers l'extrémité des mains et vers l'extrémité des pieds, en prolongeant vos passes au-delà de ces extrémités et secouant vos doigts à chaque fois. Enfin, vous ferez devant le visage, et même devant la poitrine, quelques passes en travers, à la distance de trois à quatre pouces. Ces passes se font en présentant les deux mains rapprochées et en les écartant brusquement l'une de l'autre comme pour enlever la surabondance de fluide dont le malade pourrait être chargé. Vous voyez qu'il est essentiel de magnétiser toujours en descendant de la tête aux extrémités et jamais en remontant des extrémités à la tête. Les passes qu'on fait en descendant sont magnétiques, c'est-a-dire qu'elles sont accompagnées de l'intention de magnétiser. Les mouvements que l'on fait en remontant ne le sont pas. Plusieurs magnétiseurs secouent légèrement leurs doigts après chaque passe. Ce procédé, qui n'est jamais nuisible, est avantageux dans certains cas, et, par cette raison, il est bon d'en prendre l'habitude.

« Quoique, vers la fin de la séance, on ait eu soin d'étendre le fluide sur toute la surface du corps, il est à propos de faire en finissant quelques passes sur les jambes, depuis les genoux jusqu'au bout des pieds. Ces passes dégagent la tête. Pour les faire plus commodément, on se place à genoux devant la personne que l'on magnétise.

« Je crois devoir distinguer les passes qu'on fait sans toucher, de celles qu'on fait en touchant, non-seulement avec le bout des doigts, mais avec toute l'étendue de la main, et en employant une légère pression. Je donne à ces dernières le nom de : *frictions magnétiques*; on en fait souvent usage pour mieux agir sur les bras, sur les jambes, et derrière le dos, tout le long de la colonne vertébrale.

« Cette manière de magnétiser, par des passes longitudinales, en dirigeant le fluide de la tête aux extrémités, sans se fixer sur aucune partie de préférence aux autres, se nomme : *magnétiser à grands courants*. Elle convient plus ou moins dans tous les cas, et il faut l'employer dans les premières séances, lorsqu'on n'a pas de raison d'en choisir une autre. Le fluide est ainsi distribué dans tous les organes, et il s'accumule de lui-même dans ceux qui en ont besoin. Aux passes faites à une petite distance on en joint, avant de finir, quelques-unes à la distance de deux à trois pieds. Elles produisent ordinairement du calme, de la fraîcheur et un bien-être sensible.

« Il est enfin un procédé par lequel il est très-avantageux de terminer la séance. Il consiste à se placer à côté du malade qui se tient debout, et à faire, à un pied de distance, avec les deux mains, dont l'une est devant le corps et l'autre est derrière le dos, sept ou huit passes, en commençant au-dessus de la tête et en descendant jusqu'au plancher, le long duquel on écarte les mains. Ce procédé dégage la tête, rétablit l'équilibre et donne des forces.

« Pour faire des passes, il ne faut jamais employer aucune force musculaire autre que celle qui est indispensable pour soutenir la main et l'empêcher de tomber. On doit mettre de l'aisance dans ses mouvements et ne pas les faire trop rapides. Une passe de la tête aux pieds peut durer environ une demi-minute. Les doigts de la main doivent être un peu écartés les uns des autres et légèrement courbés, de manière que le bout des doigts soit dirigé vers celui qu'on magnétise. »

§ V. — PRATIQUE DE DELAUZANNE.

« Le magnétiseur se place en face du malade, lui pose les mains sur les épaules, et, après une ou deux minutes, les descend le long des bras pour lui prendre les pouces, qu'il garde de même une ou deux minutes. Il recommence ainsi cinq ou six fois. Le malade doit rester entièrement passif et tâcher de ne pas distraire son attention par des pensées etrangères à l'action qu'on veut opérer sur lui. Le magnétiseur ne doit avoir qu'une pensée, celle du bien qu'il veut produi e.

« Ce procédé n'est que pour se mettre en rapport, c'est-à-dire pour établir de l'harmonie dans les mouvements internes réciproques. On voit facilement qu'il est imité de celui qu'on emploie pour communiquer à l'acier la vertu de l'aimant.

« Le magnétiseur porte ensuite ses deux mains sur l'estomac du malade, les descend après jus-

qu'aux genoux; les reporte sur la tête et les ramène ensuite sur les genoux, et même jusqu'aux pieds, en ayant la précaution de détourner les mains chaque fois qu'il revient à la tête, afin de ne point troubler le mouvement qu'il veut imprimer de haut en bas.

« Il n'est point nécessaire de toucher pour exécuter ces mouvements ; on peut également les faire à quelque distance du malade ; il est même essentiel, chez plusieurs personnes d'une complexion nerveuse, d'éviter toute espèce d'attouchement.

« Il faut mettre de la lenteur dans ces passes, et les continuer au moins une demi-heure, ou jusqu'à ce que l'on soit fatigué.

« La volonté d'agir doit être calme et soutenue Il est important d'éviter toute secousse, et d'accoutumer doucement le malade à obéir à l'impulsion qu'on veut lui donner, car il ne s'agit pas d'obtenir des effets prompts, mais salutaires.

« Il faut avoir soin de magnétiser à des époques fixes, tous les jours, tous les deux jours, comme cela sera possible, mais toujours à la même heure, et à peu près le même temps.

« On commmence toujours la séance par l'application des procédés généraux décrits ci-dessus, et ensuite on concentre particulièrement l'action sur la partie malade et son opposée, soit en y appliquant les mains, soit en les tenant à une petite distance, et imprimant ensuite par des passes, de haut en bas, un mouvement vers les parties inférieures, comme si l'on voulait entraîner le mal.

« Si le malade est couché, on s'assied à côté du lit, de la manière la plus commode ; on peut alors ne se servir que d'une main.

« Il est une infinité de procédés particuliers que le magnétiseur attentif peut deviner selon les circonstances, et qui lui sont souvent indiqués par les sensations qu'éprouve le malade ; ils ne peuvent être soumis à aucune classification.

« Le plus énergique des procédés magnétiques est l'emploi du souffle. On s'en sert particulièrement pour résoudre les engorgements, les obstructions et les glandes au sein. On pose sa bouche sur un mouchoir plié en double et appliqué sur la partie malade, et l'on fait passer son haleine à travers. Cela produit une vive et bienfaisante chaleur.

« Le même moyen est employé avec succès dans les maux d'estomac produits par atonie. »

XV

VOYAGES DES SOMNAMBULES DANS LA LUNE.

Les voyages que les somnambules sont accoutumés à faire pour aller, sans sortir de chez eux, visiter dans le voisinage des malades absents qui habitent la même ville ou qui se trouvent répandus dans les divers départements de la France, ont merveilleusement contribué à encourager les voyages de long cours. On voit des somnambules aller en Amérique ou aux Indes; mais ceci n'est encore rien.

Des magnétiseurs expérimentés sont parvenus, par la force de leur fluide magnétique, à faire pénétrer quelques somnambules dans la lune!

Sans doute, ainsi qu'en physique, où la vitesse est en raison du plus ou moins d'énergie de la force motrice, de même aussi, en magnétisme, le somnambule se transporte d'une manière plus ou moins accélérée, en raison de l'énergie que le magnétiseur emploie pour former un acte mental de volonté au moment où il donne le signal du départ.

Nous avons lu plusieurs relations manuscrites extrêmement curieuses écrites sous la dictée de somnambules voyageant dans la lune; nous en donnerons ici une succincte analyse.

On y voit que les somnambules sont parvenus à résoudre cette question bien intéressante qui consiste à savoir si les planètes sont habitées comme la terre; ils ont vérifié qu'il existait réellement dans la lune des êtres vivants et sensibles qui jouissent comme nous du spectacle de la nature et de ses avantages, qui naissent, se reproduisent et périssent comme nous.

La description qu'ils donnent de ces êtres lunaires ne les représente pas sous un aspect agréable, ni doués d'une intelligence supérieure à la nôtre; leur forme serait aplatie et leur démarche rampante.

Quant à l'organisation de la matière à la superficie de cette planète habitée, ce que les somnambules magnétiques ont vu leur a paru d'une couleur verdâtre, à peu près semblable à celle qui recouvre la surface de la terre et ayant les mêmes propriétés générales.

Ils ont confirmé les assertions de Galilée relativement aux montagnes dans la lune. Leurs calculs se sont rapportés à la mesure géométrique que ce savant a faite de la hauteur d'une de ces montagnes par la projection des ombres.

Enfin les somnambules magnétiques ne sont pas positivement en contradiction avec les astronomes qui d'après les observations précises et multipliées qu'ils ont faites sur la réfraction que devaient éprouver les rayons de la lumière en passant à travers l'atmosphère lunaire, ont prononcé que si cette atmosphère existe, elle doit être environ mille fois moins dense que celle de la terre et supérieure à celle du vide qu'on forme dans les meilleures machines pneumatiques. Les somnambules lui donnent une rareté moins extrême, et sont logiques, puisqu'ils ont vu des êtres vivants dans la lune. Au lieu que d'après l'assertion des astronomes, les animaux terrestres auxquels l'air est d'une absolue nécessité ne pourraient respirer ni vivre dans la lune; d'où il faudrait conclure, toujours d'après les astronomes, que cette planète n'est habitée que par des êtres d'une espèce particulière.

XVI

DU MAGNÉTISME APPLIQUÉ A LA MÉDECINE.

Nous allons résumer dans ce chapitre les résultats des expériences tentées par les plus célèbres magnétiseurs depuis Mesmer jusqu'à cette époque, en nous permettant d'y joindre nos propres observations pratiques.

Parmi les malades qui sont magnétisés, tous n'éprouvent pas les mêmes sensations ni les mêmes ébranlements ; il en est même qui ne sentent rien. La plupart éprouvent des chaleurs ou des froids successifs, particulièrement vers le siége de leur mal. Les uns sont pris par des sueurs ou des dévoiements; d'autres, et quelquefois les mêmes, ont des oppressions, des toux, des crachements mêlés d'un peu de sang. Il y en a, surtout parmi les femmes, qui tombent dans des assoupissements ou dans des convulsions, qui rient, pleurent, chantent ou poussent des cris. Nous avons vu des *tétanos* complets ; nous avons vu des hommes dans un état pareil à celui où l'on peint les somnambules ayant les yeux ouverts, mais fixes ; ne parlant pas, mais montrant par signes ce qu'ils désirent, et semblant entendre ce que l'on dit autour d'eux. Dans cet état, nous les avons vus magnétiser d'autres malades ou se magnétiser mutuellement, soit alternativement, soit en même temps et toujours avec une remarquable lucidité. Dans le dernier cas, ils résistent opiniâtrément à qui veut les séparer, et si l'on y parvient, ils font, chacun de leur côté, et pendant longtemps, les plus grands efforts pour se réunir, assurant ensuite ne se souvenir de rien de ce qui s'est passé.

On appelle cela des *crises*.

Il y en a de plus ou moins violentes, de plus ou moins longues; mais souvent les fortes durent plusieurs heures. Les malades qui les éprouvent ne les subissent pas tous les jours, et elles ne sévissent pas avec une force égale ou une égale durée. Ces variations dépendent de la situation physique et morale de l'individu, de celle aussi des magnétiseurs, et de l'état de l'atmosphère ou de la position des astres pendant l'opération.

Pour produire ces effets, outre l'assistance assez longue autour d'un baquet duquel sortent, par des trous faits à son couvercle, des verges de fer courbées que chaque malade applique vers l'endroit de son corps où est réputé le mal; outre une grande corde d'une partie de laquelle chaque malade ceint ledit endroit; outre la chaîne que font de temps en temps les malades autour du baquet en se tenant par le pouce, on emploie surtout des attouchements plus ou moins longs sur différentes parties, principalement sur le creux de l'estomac, vers les hypocondres, vers le siége présumé du mal, et en général aux endroits du corps où se rencontrent le plus de nerfs et où se trouvent les *plexus*, parce que le fluide magnétique agissant énergiquement sur les nerfs, c'est vers les endroits où ils sont les plus nombreux qu'il faut le diriger, afin de produire de puissants et salutaires effets. — Comme les viscères de l'*abdomen* sont le siége principal des maladies, ou du moins de leur première cause, on touche le plus souvent et le plus longtemps cette région; d'ailleurs, l'*épigastre* présentant beaucoup de *plexus*, en touchant pendant un certain temps cette partie, on met en action, pour ainsi dire, tous les nerfs du malade. Il s'établit ainsi, entre le magnétiseur et le magnétisé, une communication, une sympathie, assez longue parfois, qui rend l'action de l'opérateur beaucoup plus efficace.

C'est surtout lorsque cette communication ou sympathie est obtenue que le magnétiseur peut produire de grands effets, même sans toucher, car ce n'est pas toujours nécessaire, et souvent il suffit de diriger ou de promener — suivant certaines directions par devant ou par derrière le malade, soit à quelque distance, soit assez loin de lui — l'index ou le pouce, ou ces deux doigts ensemble, ou une baguette ou tout autre conducteur. Il suffit même quelquefois de faire réfléchir sur le malade le fluide magnétique par une glace vers laquelle on dirige l'index, le pouce ou un conducteur quelconque.

Ces pratiques réussissent même souvent sans que la communication ou sympathie ait été établie; mais lorsqu'elle a eu lieu, leur puissance est bien plus certaine; elles opèrent alors quelquefois à travers une porte ou à travers le corps d'une autre personne qui n'en éprouve nulle sensation.

Lorsque les *crises* même les plus violentes finissent, les malades, au lieu de se trouver faibles ou fatigués, se sentent mieux qu'auparavant; ils ne sont incommodés que lorsque, par imprudence ou par ignorance, on a interrompu les *crises* soit en cessant trop tôt de magnétiser, soit en le faisant dans un sens contraire à celui que l'on a suivi pour amener l'excitation.

Ces faits irrécusables constatent d'une manière positive qu'il sort réellement du magnétiseur un fluide très-subtil qui agit plus ou moins sur les nerfs du magnétisé, d'après la quantité plus ou moins grande de ce fluide qui est insérée, accumulée, concentrée en lui, et aussi suivant la manière plus ou moins forte avec laquelle le fluide transmis par le magnétiseur agit sur le magnétisé. Les mêmes effets peuvent résulter également de ces deux hypothèses, et leur énergie dépend, comme nous l'avons dit ailleurs, de la force magnétique dont est doué le magnétiseur, et de la sensibilité des nerfs du magnétisé.

En vain dira-t-on que c'est l'imagination du magnétisé qui produit tous ces effets. S'il en est plusieurs auxquels elle peut donner naissance, il s'en rencontre beaucoup plus qu'il n'est pas permis de lui attribuer. Nous en avons excité chez des personnes non-seulement sans les toucher, mais même sans qu'elles pussent se douter qu'on les magnétisait, car tous nos mouvements magnétiseurs se faisaient à leur insu.

Si le magnétisme ne guérit pas toujours — et existera-t-il jamais une panacée universelle? — chaque malade qui en appelle les bienfaits affirme éprouver un bien-être réel. Mais un des avantages précieux du magnétisme, à part son essence bienfaisante, c'est qu'il ne saurait produire du mal; car les parties saines du corps le laissent librement passer sans en recevoir d'ébranlement extraordinaire, tandis que les parties affectées n'en peuvent admettre qu'une certaine quantité sans en être jamais surchargées. Enfin, dans les innombrables expériences qui en ont été faites jusqu'à ce jour, les magnétiseurs n'ont jamais remarqué de fâcheux effets des *crises* les plus fortes, même des toux violentes et des crachements de sang dans les personnes malades de la poitrine.

Bien plus, le magnétisme convient dans toutes les maladies, il peut les combattre et même les guérir, excepté celles qui dépendent d'une organisation détruite dans une partie dont les fonctions sont nécessaires à la vie. Ainsi le magnétisme convient dans les maladies chroniques et dans les maladies aiguës; mais c'est dans ces dernières que son efficacité se déploie le plus merveilleusement.

Comme agent préservatif des mêmes maladies, le magnétisme sera encore employé avec succès.

Il est donc vraiment déplorable de voir l'opposition persistante de nos médecins à pratiquer le magnétisme. On ne saurait leur pardonner — depuis tant d'années que ses vertus salutaires sont reconnues et établies par d'irrécusables expériences — de ne pas s'en être servis au moins comme d'un agent puissant, s'ils se refusent à l'adopter entièrement.

En effet, qu'auraient dû faire jadis et que devraient faire aujourd'hui les médecins sages, instruits dans la pratique du magnétisme, persuadés de ses effets physiques, tout en doutant de son utilité dans les maladies aiguës ou dans les maladies chroniques? Nous allons le dire bien franchement, et nos lecteurs, nous l'espérons, se rangeront de notre avis, lorsqu'il exprime un désir consciencieux d'éclairer une science par une autre science, sans absolutisme dangereux, pour le bien-être de l'humanité!

Si un médecin doit traiter une de ces maladies chroniques que la médecine ordinaire, il faut l'avouer, guérit si rarement, comme les obstructions anciennes, beaucoup de maladies de nerfs, l'épilésie-idiopathique, la folie, la paralysie surtout, et en général toutes les maladies chroniques où il y a relâchement, certes, il ne courrait aucun risque en ayant recours au magnétisme. Peut-être ne guérira-t-il pas, mais il obtiendra des soulagements notables, et en aucun cas ne saurait nuire. Qui l'empêcherait même d'employer en même temps l'usage de ses remèdes ordinaires, tels que les bains, les fondants, les délayants, les béchiques légèrement incisifs, le régime adoucissant, etc.? Ces deux pratiques, l'usuelle et la magnétique, ne s'aideraient-elles pas mutuellement, au contraire, et l'art de guérir n'y découvrirait-il pas des trésors tout nouveaux?

A l'égard des maladies aiguës, un médecin prudent et savant, distinguant entre elles celles qui sont dangereuses en elles-mêmes et dont la période est rapide, et celles qui présentent peu de danger et dont la période est lente, ne devrait-il pas employer, dans le premier cas, le magnétisme comme auxiliaire des remèdes ordinaires? Dans le second cas, ne pourrait-il pas, au contraire, essayer l'effet du magnétisme à l'exclusion des autres remèdes?

Eh bien non, les médecins ont refusé et refusent, la plupart encore, de joindre le magnétisme aux méthodes connues par leur utilité, même lorsque l'action des nerfs a besoin d'être augmentée! Et pourtant cette réunion doit amener des résultats excellents, ce que l'expérience a depuis longtemps prouvé, et, de plus, elle ne peut nuire. Mesmer lui-même semble le penser ainsi dans sa proposition XXIV. (Voir le chap. : *Propositions magnétiques de Mesmer*).

Certes, ce serait diminuer la gloire du magnétisme que de restreindre son usage à une catégorie de maladies, bien qu'elle soit fort étendue, et de l'adjoindre à d'autres remèdes. Mais nous appelons ces essais de tous nos vœux, certains que leurs admirables effets introniseront enfin le magnétisme dans notre Académie de médecine.

Et, après tout, quelles que soient les causes de cette lutte acharnée et peu méritoire des médecins contre les magnétiseurs — et c'est un mystère facile peut-être à dévoiler, mais qu'il ne nous appartient pas d'approfondir ici — les principes fondamentaux du magnétisme diffèrent peu, dans le fond, de ceux de la médecine.

Le magnétiseur pense que tout ce qui s'opère dans notre corps, tous ses mouvements internes ou externes, en santé ou en maladie, s'opèrent par l'action des nerfs. — Le médecin le pense aussi.

Le magnétiseur pense que l'action des nerfs dépend elle-même de celle d'un fluide très-subtil. — Le médecin pense de même.

Le magnétiseur pense que ce fluide est soumis à différents agents, dont les uns sont hors de nous : ce sont tous les corps environnants, et dont les autres résident en nous : ce sont les diverses affections de notre âme, notre volonté, nos passions, l'organisation même de notre machine. — Le médecin pense la même chose.

Le magnétiseur pense que le bon état de nos fonctions, duquel dépend la santé, s'entretient par l'action régulière de nos nerfs. — Le médecin le pense aussi.

Le magnétiseur pense que la guérison de nos maladies s'obtient par des *crises* qui sont l'effet d'une action convenable de nos nerfs. — Le médecin est du même avis.

En quoi diffèrent-ils donc?

Le voici :

Le magnétiseur prétend être parvenu à pouvoir diriger à volonté, d'une manière directe et par les plus simples moyens, le fluide qui met nos nerfs en action, et par là il croit pouvoir leur procurer ce qui nous est convenable, soit pour la conservation de la santé, soit pour la guérison des maladies; il dit enfin connaître mieux qu'on ne l'a fait jusqu'à présent la nature de ce fluide. — Le médecin avoue ne pouvoir prétendre à tous ces avantages, mais il désire qu'ils soient réels, et s'il ne se presse pas d'adopter la doctrine du magnétisme, c'est que, selon lui, il s'y trouve des difficultés fondées en l'acceptant dans toute son étendue. Donc, il attend qu'une expérience suffisante ait constaté ce qu'il renferme de vrai et prouvé les maladies auxquelles il est utile.

Peut-on savoir gré aux médecins de cette réserve, surtout après les *vérités magnétiques reconnues par l'Académie royale de médecine de Paris en* 1831? (Voir ce chapitre.)

Combien il est à souhaiter que les pratiques du magnétisme soient enfin consacrées et employées par les médecins! combien chacun désire que le magnétisme soit enfin populaire! Nous objectera-t-on qu'il pourrait en résulter des inconvénients, soit que le magnétisme fût appliqué dans des cas où il ne conviendrait pas, soit qu'il fût pratiqué à contre-sens, soit encore que des gens pervers osassent en abuser? Mais ces inconvénients lui sont communs avec bien d'autres remèdes connus de tout le monde; et — ce qui n'a pas lieu à l'égard de ces autres remèdes — c'est que ces inconvénients, s'ils se rencontraient, seraient largement compensés par d'immenses avantages.

XVII

DES CONDUCTEURS ET AIDES MAGNÉTIQUES.

§ Ier. — BAQUET DE MESMER.

Le baquet, ou réservoir magnétique — auquel on a recours pour de nombreux traitements — est formé d'une caisse remplie de matières magnétisées, et garnie de conducteurs propres à diriger le fluide qu'elle renferme. Voici la manière la plus ordinaire de le construire.

Vous prenez une caisse de bois, haute de deux pieds à deux pieds et demi, et dont le rebord inférieur isole le fond, en le séparant du sol de quelques pouces. La forme de cette caisse est indifférente, et ses dimensions sont relatives à l'usage qu'on en veut faire, c'est-à-dire au nombre des personnes qu'on veut magnétiser. Une tige de fer solidement fixée par sa base sur un pied de verre ou dans un bocal, descend jusqu'à deux pouces du fond, et s'élève verticalement jusqu'à deux ou trois pieds au-dessus du couvercle. Des bouteilles d'eau magnétisée et communiquant au moyen de fils de fer, qui traversent le bouchon avec le conducteur principal, sont couchées circulairement autour de la base de celui-ci. Ces bouteilles, si le baquet est grand, peuvent former plusieurs plans superposés. Du sable, de la limaille de fer, du verre pilé ou de l'eau, magnétisée avec soin, remplissent les interstices. Le couvercle, que forment deux pièces de bois symétriques et réunies exactement par leurs bords, est percé d'un certain nombre de trous, donnant passage à des tiges de fer coudées et mobiles, qui servent aussi de conducteurs. Enfin, du sommet du conducteur central partent des cordes de fil ou de laine, dont les magnétisés pourront s'entourer pendant l'opération.

Indépendamment de ces préparatifs généraux, le réservoir doit encore être régulièrement magnétisé à l'instant où l'on en va faire usage. Cette opération sera même répétée plusieurs jours de suite en commençant, et le même magnétiseur devra toujours s'en acquitter. Une fois, au reste, que le réservoir aura été bien chargé, il suffira, pour le charger de nouveau, que le magnétiseur tienne pendant quelques moments dans sa main le conducteur central. (Voir le chapitre : *Pratiques diverses des plus célèbres magnétiseurs.*)

Nous donnons ci-après trois plans explicatifs représentant l'ensemble du baquet de Mesmer.

FIGURE I.

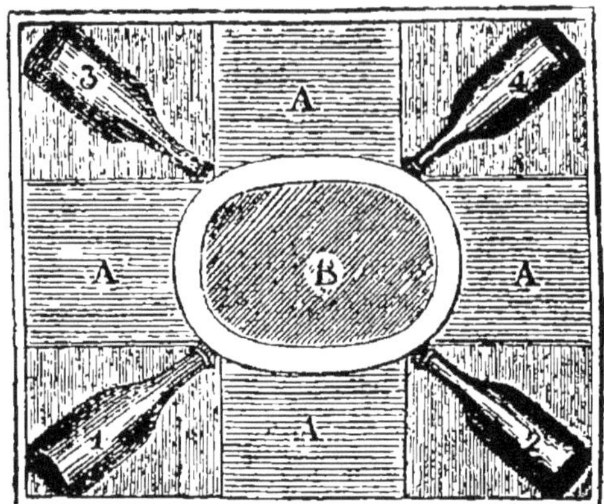

1, 2, 3, 4. Bouteilles remplies de diverses substances. — A Fond du baquet, garni de plateaux de verre. — B Vase central.

FIGURE II.

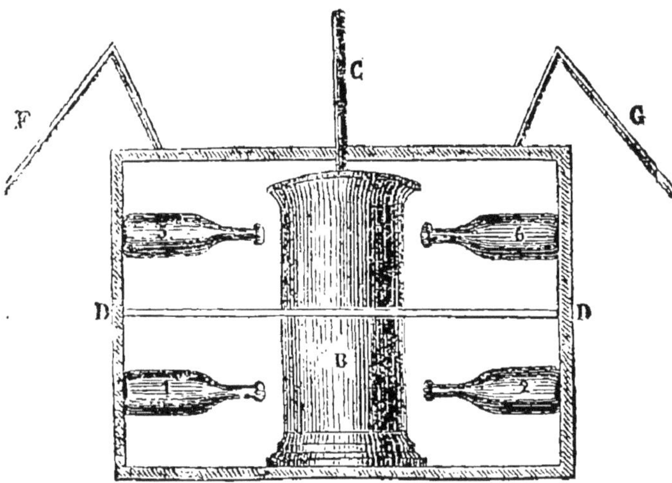

1, 2. Deux des bouteilles du rang inférieur. — 5, 6. Deux des bouteilles du rang supérieur. — A Intérieur de la caisse. — B Vase central — C Conducteur central plongeant dans le vase et s'élevant au-dessus de la caisse. — DD. Plateaux de verre qui supportent le second rang des bouteilles. — FG. Conducteurs.

FIGURE III.

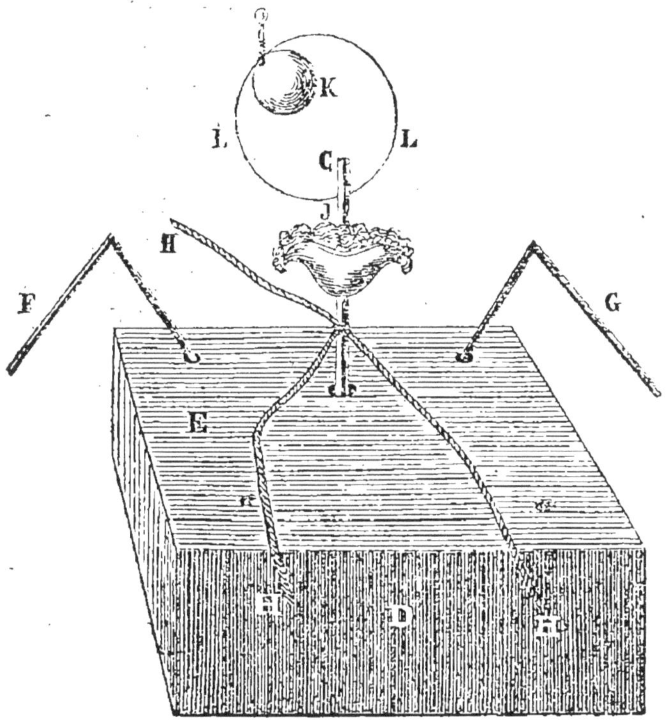

C Conducteur central. — D Extérieur de la caisse. — E Dessus de la caisse, percé de trous pour laisser passer les conducteurs. — F G Conducteurs. — H H H Cordes attachées au conducteur central. — J Vase rempli de laine — K Globe de verre mis au tain, et suspendu au-dessus du baquet. — LL Fils de fer qui établissent la communication entre le globle et le conducteur central

§ II. — MAGNÉTISATION DE L'EAU.

Pour magnétiser de l'eau, on prend dans ses mains le vase qui la contient, et l'on passe alternativement ses deux mains le long de ce vase de haut en bas. On introduit le fluide par l'ouverture du vase, en y présentant, à plusieurs reprises, les doigts rapprochés, on fait aller son haleine sur l'eau, on peut quelquefois l'agiter avec le pouce.

On magnétise un verre d'eau en tenant le verre par le fond dans une main, et projetant de l'autre le fluide au-dessus du verre.

Il est un procédé efficace pour magnétiser une bouteille d'eau, — quand toutefois il n'est pas désagréable au magnétisé. — Il consiste à poser la bouteille sur l'un de ses genoux, et à placer la bouche sur l'ouverture. Vous faites entrer ainsi votre haleine dans la bouteille, et en même temps vous exécutez des passes avec les deux mains sur toute sa surface.

On peut magnétiser une carafe d'eau en deux ou trois minutes, un verre d'eau en une minute; il est inutile de répéter que les procédés indiqués pour magnétiser l'eau — comme toute autre chose — seraient absolument inutiles s'ils n'étaient employés avec attention et avec une volonté déterminée.

§ III. — MAGNÉTISATION DES ARBRES.

Choisissez un arbre jeune, vigoureux, branchu,

sans nœuds autant que possible et à fibres droites. Quoique toute espèce d'arbustes puisse servir, les plus denses — comme le chêne, l'orme, le charme — sont à préférer. Votre choix fait, vous vous placez à une certaine distance du côté du sud, vous établissez un côté droit et un côté gauche, qui forment les deux pôles, et la ligne de démarcation du milieu, l'équateur. Avec le doigt, le fer ou une canne, vous suivez, depuis les feuilles, les ramifications et les branches; après avoir amené plusieurs de ces lignes à une branche principale, vous conduisez les courants au tronc jusqu'aux racines. — Vous recommencez jusqu'à ce que vous ayez magnétisé tout le côté, ensuite vous magnétisez l'autre de la même manière, et avec la même main, parce que les rayons sortant du conducteur en divergence, se convergent à une certaine distance, et ne sont pas sujets à la répulsion. Le nord se magnétise par les mêmes procédés. Cette opération faite, vous vous rapprochez de l'arbre, et, après avoir magnétisé les racines, s'il en existe de visibles, vous l'embrassez et lui présentez tous vos pôles successivement. L'arbre jouit alors de toutes les vertus du magnétisme. — Alors on attache des cordes, pour servir de conducteurs, à une certaine hauteur, au tronc et aux principales branches, plus ou moins nombreuses et plus ou moins longues, à proportion des personnes qui doivent s'y rassembler, et qui, la face tournée à l'arbre, et placées circulairement, soit sur des siéges, soit à terre, les mettant autour d'elles, y feront des chaînes le plus fréquemment possible, et y reproduiront des effets prompts et actifs, en proportion de leur nombre, qui en augmente l'énergie, en multipliant les courants, les forces et les contacts.

Le vent, agitant les branches de l'arbre, ajoute à son action. Il en est de même d'un ruisseau ou d'une cascade, si l'on est assez heureux pour en rencontrer dans l'endroit qu'on choisit.

Si plusieurs arbres s'avoisinent, on les magnétisera, et on les fera communiquer par des cordes, allant de l'un à l'autre.

§ IV. — MAGNÉTISATION DES BAINS.

En frottant les deux extrémités d'une baignoire avec les doigts, une baguette ou une canne, les descendant jusqu'à l'eau, dans laquelle on décrit une ligne dans la même directien, et répétant plusieurs fois, on magnétise un bain.

On peut encore agiter l'eau en différents sens, en insistant toujours sur la ligne décrite, dont le grand courant réunit les petits qui l'avoisinent, et en est renforcé.

Si l'on ne peut magnétiser par soi-même, plusieurs bouteilles d'eau magnétisée, et mises dans le bain suivant la direction du corps, pourront produire le même effet. Un peu de sel marin jeté dans le bain en augmente la *tonicité*.

§ V.—MAGNÉTISATION DES ANNEAUX, MOUCHOIRS, ETC.

On magnétise au moyen de passes longitudinales des anneaux, des mouchoirs et d'autres objets; mais, quant aux substances métalliques, il faut ne les choisir que parmi les métaux inoxydables, tels que l'or et le platine, ou parmi les métaux dont les oxydes ne sont pas vénéneux. Le cuivre, l'antimoine, le zinc, etc., doivent être rejetés.

Beaucoup de sujets habitués, de longue date, au magnétisme, s'endorment en se posant un anneau ou un mouchoir magnétisés sur le cœur; mais le sommeil, en pareil cas, est toujours pénible, circonstance qui tient à l'insuffisance du moyen. En effet, rien ne fatigue plus les somnambules qu'une magnétisation incomplète.

Les somnambules de profession, lorsqu'ils sont privés de leurs magnétiseurs, recourent à ces agents intermédiaires, dans lesquels leur lucidité trouve souvent de puissants auxiliaires. Mais un mouchoir, un anneau n'ont pas d'intention, et l'intention du magnétiseur n'imprime-t-elle pas une modification profonde et nécessaire à l'influence qu'elle exerce?

XVIII

PHÉNOMÈNES.

> C'est un devoir pour moi d'exposer les vérités dont j'ai la certitude, sans m'inquiéter du jugement des incrédules.
>
> DELEUZE.

TRAITEMENTS ET GUÉRISONS OBTENUS PAR LE MAGNÉTISME.

Le recueil complet des phénomènes, traitements et guérisons obtenus par le magnétisme serait un immense répertoire à collectionner au milieu des mille écrits sur le magnétisme, où ils sont consignés en masse innombrable, mais sans s'y rencontrer tous ; nous nous bornerons à transmettre dans ce chapitre le récit rapide des faits les plus significatifs, et résumant le mieux les principaux effets du magnétisme.

Une dame qui souffrait d'un rhumatisme depuis environ dix années, et qui avait des obstructions au foie, s'étant adressée à M. le comte Lepelletier d'Aulnay, célèbre magnétiseur, fut mise par lui en état de somnambulisme. Alors elle s'ordonna à elle-même plusieurs remèdes et un régime auxquels elle se soumit, et qui la guérirent radicalement.

Ce même magnétiseur fut prié de magnétiser une

femme malade depuis dix-huit mois, et à laquelle les consultations des médecins n'avaient apporté aucun soulagement. Elle avait le ventre très-gonflé; elle n'allait que par lavements; elle avait une toux continuelle. Dès le premier jour, après une magnétisation d'une demi-heure, la toux diminua beaucoup, et dans la seconde séance elle cessa tout à fait. Il lui survint ensuite une grande purgation qui continua d'agir à la troisième séance. Alors l'eau magnétisée lui fut prescrite, et à la quatrième séance, la purgation finit en faisant disparaître l'échauffement. Le ventre de la malade se dégonfla entièrement, et à la cinquième séance elle avait retrouvé du calme et de la force. Pendant une absence de deux jours du magnétiseur, elle fit usage de l'eau magnétisée. Les médecins, lorsqu'ils avaient désespéré de cette femme, lui avaient donné pendant quatre mois trois chemises de galeux à porter, afin qu'elle pût gagner la gale et se sauver par ce dérivatif. Cela avait été infructueux. Au retour du magnétiseur, la malade étant mal à son aise, l'eau magnétisée lui fut continuée; et, en outre, un fer magnétisé lui fut donné à porter sur l'estomac. Le jour suivant elle avait déjà beaucoup de boutons de gale sur tout le corps. L'usage de l'eau et du fer magnétisés fut encore prescrit, et le lendemain la gale était entièrement sortie. M. le comte Lepelletier d'Aulnay conseilla alors à la malade de revoir son médecin, puisqu'il était parvenu à faire sortir la gale qu'on avait cherché à donner comme moyen curatif, et qui était restée cachée dans le corps de la dame pendant quatre mois sans paraître aucunement.

Nous allons relater le traitement du jeune Mounier, âgé de onze ans et demi, et attaqué de convulsions. Il fut entrepris en 1820 par M. le comte Lepelletier d'Aulnay, mais non terminé par des circonstances indépendantes de sa volonté. Aussi choisirons-nous seulement, dans cette relation, ce qu'il y a eu de plus intéressant dans chacune des séances qui furent publiques à Versailles.

PREMIÈRE SÉANCE DU 23 JUIN 1820.

Lorsque le jeune Mounier fut amené chez M. le comte Lepelletier d'Aulnay, il le fit voir par un somnambule qui a dépeint très-bien la maladie, et il a indiqué les remèdes nécessaires à la guérison. Ce somnambule, en adressant la parole à l'enfant, lui dit :

— Si tu voulais te laisser magnétiser, tu serais dans le même état que moi, et tu guérirais bien vite.

Mounier répondit qu'il avait peur et qu'il ne voulait pas se laisser magnétiser.

SÉANCE DU 1er JUILLET.

Au bout de huit jours, l'enfant est revenu voir une seconde fois le somnambule, auquel il fit de lui-même cette question :

— Si je me laissais magnétiser, est-ce que je m'endormirais comme vous, et en serais-je plus tôt guéri ?

Le somnambule ayant répondu par l'affirmative, le petit Mounier témoigna l'envie d'être magnétisé. Le somnambule alors le fit asseoir sur un baquet magnétique, lui passa les cordes autour du corps, mais l'enfant resta deux heures sans s'endormir.

SÉANCE DU 2 JUILLET.

Le comte Lepelletier d'Aulnay plaça lui-même le jeune Mounier, comme la veille, sur le baquet et le magnétisa à plusieurs reprises. Il s'endormit au bout d'une heure un quart.

SÉANCE DU 4 JUILLET.

Mounier, ce jour-là, s'endormit au bout de vingt-cinq minutes; il commença à parler, et dit que le magnétisme lui faisait du bien, que cela lui procurait plus de transpiration, que cela ferait cesser ses attaques et le guérirait entièrement. Il s'est ordonné de mettre un pantalon de peau pour la nuit, et il a ajouté :

— Demain je serai bien, demain je serai encore plus endormi.

SÉANCE DU 5 JUILLET.

Endormi cette fois en vingt minutes, le jeune Mounier s'ordonna un bain froid, puis il ajouta :

— Je n'aime pas cela, je ferai bien des difficultés pour le prendre.

Alors, sans lui rien dire, le comte posa sa main sur la tête de l'enfant avec la ferme volonté qu'il prît son bain sans résistance; et, après quelques minutes, l'enfant lui dit :

— Puisque vous le voulez, je vous promets de le prendre sans résister.

Il ordonna qu'on lui frottât l'estomac et toutes

les jointures à dix heures et demie avec des gouttes d'Hoffmann, afin d'éviter, disait-il, des mouvements de nerfs qu'il devait avoir à onze heures du soir.

SÉANCE DU 6 JUILLET.

Il s'endormit tout de suite, et fut mis en rapport avec l'autre somnambule, nommé Joseph. Il s'établit alors entre les trois personnages la scène magnétique suivante :

JOSEPH. — Eh bien, mon petit ami, qu'en dis-tu?

MOUNIER. — Je ne veux pas dormir aujourd'hui.

JOSEPH. — Eh bien, mon petit mutin, regarde-moi ; est-ce que nous ne sommes pas tous les deux dans le même état? Allons, regardes-y donc.

MOUNIER. — Si fait, je dors comme vous ; mais je vous préviens que je ne veux pas dormir aujourd'hui.

JOSEPH. — Oh ! tu ne veux pas dormir, regarde-nous, et tu verras que nous le voulons.

MOUNIER. — Je le sais bien, mais je ne le veux pas, moi.

Tout en disant cela, il se mit à sauter sur le baquet où il était assis.

JOSEPH. — Tu as un mauvais caractère, tu t'es mis en colère deux fois déjà.

MOUNIER. — Ce n'est pas ma faute, ce sont mes camarades qui m'ont mis en colère ; mais pour dire la vérité, mon caractère a besoin d'être corrigé.

JOSEPH. — Allons, pense à ta santé.

MOUNIER. — Mon sac est bien plein.

JOSEPH. — Eh oui, tu as besoin d'être purgé.

MOUNIER. — C'est bien mauvais ; j'ai déjà été purgé, et je ne veux pas prendre de médecine.

JOSEPH. — Allons, regarde bien, puisque tu nous dis que tu en as besoin.

MOUNIER. — Je vous dis que je n'en veux pas.

LE COMTE. — Regarde si c'est vraiment nécessaire à ta santé, et dis-nous bien ce qu'il te faut.

MOUNIER. — C'est trop mauvais à prendre, je n'en veux pas.

LE COMTE. — Allons, paresseux, tu ne veux pas dire ce qu'il te faut ?

MOUNIER. — Non.

LE COMTE. — Eh bien, on lui donnera dix grains de crème de tartre qu'on mettra dans une carafe d'eau, et il en boira à tous ses repas, ainsi que dans la journée. Elle sera mêlée avec du vin ; puis, il prendra d'un jour à l'autre six prises de rhubarbe, de huit grains chaque.

MOUNIER. — Je veux bien prendre de la crème de tartre, parce que cela n'est pas mauvais, mais je ne veux pas de rhubarbe.

LE COMTE. — Regarde bien si c'est la rhubarbe qu'il te faut.

MOUNIER. — C'est trop mauvais.

LE COMTE. — Pas de paresse, examine bien.

MOUNIER. — Eh oui ! c'est bon pour ma santé. J'ai mal à la tête ; réveillez-moi.

JOSEPH. — Tu ne le seras pas.

LE COMTE. — Pourquoi as-tu mal à la tête ? Tu dois le voir ?

MOUNIER. — Cela vient de mes nerfs.

LE COMTE. — Petit paresseux, dis-moi ce qu'il te faut ?

Mounier. — De la glace; oui l'on prendra dans les mains deux gros morceaux de glace, et on les fera promener autour de ma tête pendant sept à huit minutes. Ce n'est pas tout. On fera tremper un bandeau de toile dans de l'eau glacée; on le placera autour de ma tête pendant huit minutes, et cela se fera les mêmes jours que mes bains froids, trois fois par semaine.

Le comte. — A la bonne heure!

Mounier. — Réveillez-moi.

Le comte. — Regarde si tu as besoin d'être réveillé sitôt.

Mounier. — Eh non!

Le comte. — Dans combien de temps?

Mounier. — Il faut que j'y reste deux heures, à compter du moment où vous m'avez assis sur votre baquet.

Le comte. — Allons, dors et reste bien tranquille.

Mais bientôt il se mit à battre du tambour sur la table, et quoique le comte lui dît de finir, il continuait le même bruit. Alors le comte se leva, mit sa main à six pouces au-dessus de l'une de celles de Mounier, qui s'arrêta tout en faisant mouvoir l'autre. Le comte changea plusieurs fois sa main de place, alors l'une des mains de l'enfant repartait et l'autre restait. Voyant cela, le comte mit ses deux mains au-dessus des deux de Mounier, elles s'arrêtèrent alors, et l'enfant dit :

— Il le faut bien, puisque vous le voulez.

Ce jour-là même, on lui fit voir un malade pour lequel il fut fort lucide.

SÉANCE DU 7 JUILLET.

Le jeune Mounier fut endormi en dix minutes ; il s'ordonna un bain froid pour le lendemain matin.

— Combien de temps? lui demanda le comte Lepelletier d'Aulnay.

— Une demi-heure.

— N'est-ce pas trop longtemps?

— Non.

Il se défendit toutes les sucreries et les fruits crus; puis, quelque temps après, il dit :

— Je trouverai bien le moyen de voler quelque chose, car ce serait bien vexant de voir les autres manger de tout cela, et moi m'en passer.

Il se désola de ne pouvoir aller en classe, puis bavarda et fit tapage. Mais chaque fois que le comte mettait sa main à six pouces au-dessus de sa tête, il cessait et restait un moment tranquille. Comme il recommençait toujours, le comte étendit sa main avec une volonté plus forte :

— Vous ne voulez pas que je bavarde, que je joue, cela m'ennuie de rester tranquille, cela me fait mal ; réveillez-moi.

— A quelle heure faudra-t-il te réveiller?

— A huit heures et demie.

Il était alors au plus sept heures trois quarts, et dans les trois quarts d'heure qui restaient à s'écouler, il demanda plus de vingt fois à être réveillé, ce qui lui fut refusé constamment. Mais à peine l'aiguille des montres des assistants eut-elle marqué l'heure que Mounier avait indiquée, qu'il demanda de ouveau à être réveillé, et comme on lui dit qu'il n'était pas encore l'heure, il répliqua :

— Je vais voir si vous m'attrapez.

Il mit ses deux coudes sur la table, ses mains sur ses deux yeux, puis il dit :

— Il est huit heures et demie et une minute avec.

Ce qui était vrai. Alors le comte le réveilla.

SÉANCE DU 8 JUILLET.

Mounier mit une telle résistance à se laisser magnétiser, qu'il fallut trois quarts d'heure pour l'endormir. A peine l'a-t-il été, qu'il voulut ôter son habit. Sans lui rien dire, le comte Lepelletier d'Aulnay plaça sa main à six pouces derrière son dos, et aussitôt Mounier repassa la manche de son habit.

— Est-il nécessaire pour ta santé d'ôter ton habit?

— Non, mais j'ai chaud et je suis fatigué.

— Pourquoi cela?

— Parce que j'avais de l'humeur et que j'ai voulu vous résister. On ne fait pas ce que j'ai dit, c'est ennuyeux.

— Ne m'as-tu pas entendu t'appeler comme tu me l'as dit hier?

— Si fait, je l'ai *senti*, mais j'étais parti avec humeur et j'ai continué de la ressentir jusqu'à ce que vous m'ayez endormi.

Mounier avoua ensuite que de trop jouer lui faisait mal et l'ennuyait, qu'il fallait le faire travailler un peu. Après être resté quelque temps tranquille, il se mit à battre du tambour. Son magnétiseur avança sa main au-dessus de sa tête sans lui rien dire.

— Vous voulez que je reste tranquille, je le sens bien ; mais l'ennui me fait mal, et pour me désennuyer il faut que je parle, que je mange ou que je joue.

Le comte mit plus de force de volonté, toujours sans dire mot.

— Vous le voulez absolument, je le sens bien ; je vais m'ennuyer, mais c'est pour mon bien.

Un moment après, il annonça qu'il aurait une attaque d'étouffement à midi et demi le lendemain ; et son attaque eut lieu comme il l'avait prédit.

SÉANCE DU 12 JUILLET.

Mounier refusa de se laisser magnétiser. Le somnambule Joseph, qui l'avait vu déjà plusieurs fois, étant arrivé, le comte le magnétisa et l'endormit. Alors Mounier se décida à se faire magnétiser, et il fut endormi en cinq minutes. Il annonça qu'il serait guéri dans douze jours si l'on continuait à le magnétiser. Il dit qu'il ne fallait jamais lui répéter, étant éveillé, ce qu'il avait dit étant endormi. Quand on lui demanda d'indiquer les moyens nécessaires pour le faire venir chez le comte sans résistance, il refusa de répondre. Alors le somnambule Joseph déclara qu'il fallait lui faire signer une promesse par écrit et la lui faire lire à son réveil, ainsi que le lendemain avant de l'endormir. Le comte alla chercher plume, encre et papier, les posa devant Mounier sur une table et lui dit d'écrire.

— Je ne sais si je le pourrai, et puis c'est contraire à ce que je vous ai dit tout à l'heure; car je saurai, à mon réveil, ce que j'aurai fait dans le sommeil.

Puis il se décida à écrire cette promesse dès que le comte eut déployé plus de volonté.

SÉANCE DU 13 JUILLET.

Mounier se laissa endormir sans nulle résistance après avoir lu son écrit; puis il a répété qu'il serait guéri dans douze jours.

Le lendemain, le médecin de la mère du jeune Mounier vint le chercher, s'opposant formellement à de nouvelles expériences, parce que, selon lui, le magnétisme ne pouvait qu'augmenter les convulsions..... lorsqu'au contraire les progrès de la guérison de l'enfant étaient évidents!

Une femme du Havre, qui n'y voyait plus d'un œil depuis vingt-deux ans par suite d'une paralysie du nerf optique, avait également perdu la vue du deuxième œil depuis six mois, au point qu'elle ne pouvait plus se conduire. On l'amena chez un magnétiseur, et, après huit jours de magnétisme, sans autre remède, elle a vu de ce dernier œil de façon à écrire, lire et enfiler des aiguilles. Avec l'œil dont elle ne voyait plus depuis vingt-deux ans, elle peut distinguer les personnes et même des étoffes rayées de différentes couleurs.

Une demoiselle, prise depuis plusieurs mois de douleurs tellement fortes qu'elle ne pouvait mouvoir une de ses jambes, et que deux personnes étaient obligées de la lever de dessus son fauteuil, se sentit soulagée après une demi-heure de magnétisme, put se lever seule, faire le tour de sa chambre à coucher en présence de cinq personnes qui criaient au miracle. Enfin, au bout de six semaines, elle marcha librement.

Un homme de trente-trois ans, maréchal-ferrant dans un village près de Nantes, a été guéri, en trois mois au plus, par le magnétisme, d'une maladie de poitrine très-grave. Devenu somniloque et clairvoyant pour lui dès la troisième séance, ayant dormi seulement dans les deux premières, il fit l'aveu que son mal était occasionné par le reflux d'un dépôt d'humeurs qu'il avait intérieurement en forme de tumeur, dans le bas-ventre, du côté gauche ; que ce dépôt provenait de la quantité de nitre qu'on lui avait conseillé de prendre pour se faire enfler, et se mettre ainsi dans le cas d'être renvoyé du régiment; que celui qui lui avait indiqué ce moyen d'exemption de service lui avait aussi prescrit un régime et des remèdes à faire quand il serait chez son père pour se guérir, en arrêtant l'effet relâchant du nitre, mais qu'ayant perdu cette ordonnance et se trouvant bien portant, il n'y avait plus songé et s'était marié ; que ce n'est que plus de deux mois après que ce dépôt s'est ouvert, et enfin qu'il voyait une plaie dont le pus, repompé vers la poitrine, le mettait en grand danger.

Sa cure fut radicale. On le magnétisa deux ou trois fois par semaine; le sirop qu'il composa et s'ordonna pour boire pur, par cuillerée, dès sa première consultation, paraît y avoir beaucoup contribué. C'était le jus qui coulait d'un mélange, couche par couche, de limas, de betteraves rouges, de mélasse et de navets, laissés dans un pot couvert sur la cendre chaude pendant douze heures. Il recommanda d'en faire une moindre quantité à la fois et de la renouveler, pour que le sirop ne s'aigrît pas.

Ce fut encore pendant un de ces sommeils critiques que cet homme, effrayé du danger que courait son fils âgé de deux ans, par les vers dont il était plein, prescrivit, pour l'en délivrer, le mercure doux (calomel) à la dose d'un demi-grain d'abord et d'un grain ensuite pendant six jours. Ce remède employé rendit la santé à l'enfant. Son traitement, commencé à la mi-février 1826, a été couronné de succès vers le 15 mai suivant.

Une dame, attaquée d'une douloureuse et mortelle maladie de matrice, n'osant aller interroger une somnambule, envoya une mèche de ses cheveux dans un papier cacheté par elle-même, et qui fut remis à la somnambule par une personne ignorant la maladie de la dame. Cette personne revint près d'elle lui dépeignant les douleurs vraies que la somnambule avait révélées, en ajoutant qu'il y en avait d'autres encore qu'elle ne dirait qu'à la malade.

— Et pour lui prouver que je la connais bien, avait ajouté la somnambule, dites à cette dame qu'elle se trouve mal en ce moment.

On remarqua l'heure qu'il était alors, et on reconnut la vérité de cette assertion. La malade se décida à venir chez la somnambule. A son arrivée, elle était déjà endormie. Après avoir été mise en rapport avec elle, elle a pris sa main, se leva et conduisit la malade dans une chambre séparée. Là, après l'avoir examinée mentalement, elle lui dit :

— Vous avez le col de la matrice tout ulcéré, tout retiré : il y a deux plaies, l'une au bord, l'autre plus haut ; les parties extérieures sont rouges, violettes et attaquées ; le clitoris l'est aussi ; vous ne pouvez pas faire le moindre mouvement sans éprouver de vives douleurs ; vous vous évanouissez souvent après avoir uriné ; votre bas-ventre est irrité ; votre poitrine l'est aussi ; il y a quelques flegmes dessus ; vous avez des quintes de toux convulsives qui vous durent au moins un quart d'heure chaque fois ; vous avez une fièvre lente qui vous prend tous les soirs entre sept et huit heures ; et suivant que les quintes de toux ont été plus ou moins fortes, la fièvre dure alors jusqu'à dix ou onze heures du matin ; vous êtes affaiblie par cette fièvre et par vos souffrances ; vos nerfs sont dilatés ; vous avez des maux de tête très-violents qui vous prennent par accès, et dans lesquels vous croyez que vous allez passer.

L'étonnement de la malade fut grand, et elle ne

douta plus, car tout cela était scrupuleusement vrai.

La somnambule offrit de la guérir, et la dame accepta, promettant de suivre exactement ses ordonnances.

Dès la seconde séance, la malade se trouva beaucoup mieux, et à la troisième, les souffrances les plus fortes étaient presque disparues. C'est alors qu'ayant fait compliment à la somnambule d'une guérison aussi prompte, celle-ci lui déclara qu'elle était loin d'être guérie, qu'elle l'avait seulement mise à même de supporter les remèdes nécessaires pour déraciner son mal, qu'elle ne tarderait pas à souffrir de nouveau, et que dans quelque temps elle lui ferait une opération.

A la neuvième séance, la somnambule annonça que la malade pourrait bientôt subir cette opération. Quelques jours après, trouvant que les injections avaient dilaté la partie malade, que l'ulcère était devenu une grosse tumeur formant boule remplie d'une humeur noire et épaisse, la somnambule enfonça son doigt avec force pour crever cette tumeur. La douleur de la malade fut si sensible qu'elle s'évanouit. A l'instant même sortit une matière abondante, et la tumeur mit cinq jours à se vider entièrement. Une semaine après, une seconde opération moins douloureuse fut pratiquée, et, au bout d'une heure, la somnambule, toujours endormie, releva une des trompes qui était baissée et qui pouvait pomper l'eau roussâtre sortant de la plaie; puis elle remit deux ligaments à la matrice, qui l'empêchaient d'être à sa place ordinaire. Depuis cette opération, la malade alla de mieux en mieux; bientôt même elle guérit.

Une jeune fille fut amenée par sa mère chez la célèbre somnambule Fagard pour être traitée du ver solitaire. A la seconde séance seulement, et après plusieurs hésitations, elle s'exprima ainsi :

— Je suis certaine de guérir votre fille; elle a le ver solitaire depuis l'âge de huit ans; elle a été déjà traitée pour cette maladie, on ne l'a pas détruit; on a cessé trop tôt le traitement, et on a mis sur le compte des nerfs toutes les souffrances qu'éprouvait votre fille. Aujourd'hui, le ver peut bien avoir cinquante aunes de longueur; elle a de l'humeur verte dans le corps qui se porte vers la hanche gauche; cela lui fait enfler le ventre; elle ressent dans tout son corps comme une bête qui remonte à sa gorge et qui se porte à son estomac et au cœur; il lui semble toujours qu'elle va étouffer; elle a quinze crises par jour; elle se trouve mal souvent; elle est mal réglée; elle est faible et ne peut pas marcher sans avoir de grandes transpirations; elle a aussi de violents maux de tête occasionnés par l'effervescence de l'humeur qui s'y porte.

Dans une autre séance, ayant déclaré que le ver sortirait par morceaux, on lui demanda pourquoi elle ne le ferait pas plutôt partir en entier, car alors on en serait bien plus sûr en le voyant mort. La somnambule répondit :

— Votre fille, qui est souffrante depuis bien des

années, a besoin de ménagements; elle est trop faible pour supporter des remèdes violents, et je suis obligée d'employer des moyens doux et lents. Cela sera plus long, et le ver sortira par lambeaux.

Bientôt après, la jeune fille rendit beaucoup d'humeurs vertes, comme une espèce de limon, avec des matières mousseuses, et plusieurs morceaux de ver que l'on pouvait distinguer quoiqu'ils fussent décomposés en partie. La somnambule annonça que le ver solitaire était très-engourdi; que la tête en était tombée dans les intestins, et que, sous peu de jours, la malade serait entièrement débarrassée.

— Vous saurez quand vous approcherez du moment où vous rendrez la tête du ver : vous sentirez des besoins d'aller à tout instant; il faudra vous mettre à chaque fois sur des bains de vapeur de mauve, et l'on vous assistera, car vous pourrez vous évanouir au moment de la délivrance.

Tout ce que la somnambule Fagard avait prédit se vérifia.

Une jeune personne de seize ans, modèle de beauté, de grâces, d'esprit précoce et de sensibilité touchante, n'a pu surmonter cette crise de la nature qui décide si une jeune fille se reproduira ou laissera tomber sur la terre sa tige languissante. Une maladie de poitrine a précipité au tombeau, après de longues souffrances, un être céleste que ni les secours de l'art, ni les soins de la plus tendre mère n'ont pu sauver. Les secours du magnétisme, administrés trop tard par une sœur aimante et d'une santé robuste, avaient bien pu redonner parfois quelque force au corps désorganisé de la malheureuse phthisique, mais la décomposition totale d'un organe essentiel, et dont rien ne peut opérer la reproduction, — car le magnétisme fortifie, mais ne crée pas, — la destruction complète du premier organe de la vie a annoncé celle de la victime. Son terme était fixé, elle avait vécu ! Ses yeux étaient fixes, sa bouche décolorée, son dernier souffle s'était exhalé en un soupir et un baiser donné à sa mère.

Sa malheureuse sœur, habituée à l'endormir magnétiquement dans ses douleurs, se précipite alors à ses pieds, et, sans la toucher, se met avec ferveur à la magnétiser.

Quelle est la surprise de la famille assemblée de voir ce corps inanimé, déjà décoloré, se soulever, les yeux se rouvrir, la bouche dire avec force : *Ma mère ! ma mère ! quelle force j'éprouve en ce moment.... Oh ! j'en reviendrai, ne pleure pas !*

En prononçant ces mots d'une voix sonore, si différente de celle qui précédait, elle s'élance au pied de son lit ; ses pauvres jambes hydropiques, jadis sans force, supportent tout à coup son corps défaillant ; sa sœur redouble son action magnétique avec le feu du désespoir et de la confiance. A mesure qu'elle agit, la défunte se raffermit de plus en plus :

— Prions Dieu, dit-elle ; ma mère, ma sœur, mon bon père, prions ; j'en reviendrai !

Elle se place d'elle-même à genoux, elle qui ne

pouvait se soutenir, qui était morte cinq minutes avant, et elle prie... Mais bientôt sa tête s'affaiblit, et sa poitrine, sans poumons, ne peut respirer la vie factice qu'elle avait acquise par l'influence de celle de sa sœur; l'excès du fluide magnétique qu'elle avait reçu s'évapore, ne trouvant plus d'organes.

— Ah! je retombe, dit-elle d'une voix éteinte; je n'ai fait qu'un songe. J'étouffe... Je meurs en adorant mon Dieu et ma mère!

Je le demande aux plus incrédules, — a écrit à ce sujet le célèbre et vénérable Deleuze, — cette enfant était-elle *gagnée?* En imposait-elle en mourant? Il est constant qu'elle était morte, ou aux portes de l'autre vie, et qu'elle a survécu trois heures à elle-même. Qui donc a pu opérer cette *résurrection*, hélas! bien cruelle? Qui a pu rendre à tous les organes une action qui n'existait presque plus, si ce n'est cet *agent* incompréhensible, mu par la volonté, rendu plus actif par la foi, la confiance, et dont l'action, appliquée dès le principe, peut souvent remédier aux désordres de l'organisation et au défaut d'équilibre?

M. le docteur Frappart rend ainsi compte de sa visite chez Mme Pigeaire :

— Après avoir examiné, tourné, retourné, décousu et longtemps essayé le bandeau qui devait recouvrir les yeux de Mlle Pigeaire, je dis à sa mère, en le lui rendant. S'il est vrai, Madame, que votre fille lise à travers ce bandeau appliqué par moi, dans un livre apporté par moi, et sans que vous regardiez mon livre; s'il est vrai surtout qu'elle puisse lire de temps en temps devant cinq ou six incrédules à la fois, faites-moi voir ce prodige, et je me charge de le faire croire.

La séance eut lieu le 9 août 1838, et tout s'y est exactement passé comme Mme Pigeaire me l'avait annoncé. La jeune somnambule a lu, parfaitement lu et joué aux cartes devant onze personnes, dont cinq au moins étaient complétement incrédules.

Ainsi qu'il en avait été convenu, c'est moi qui ai appliqué le bandeau; c'est moi qui, avec autant de soin que de défiance, l'ai collé par son bord inférieur aux ailes du nez et aux joues au moyen de taffetas d'Angleterre; c'est moi qui ai fourni le livre; c'est moi qui ai fait la partie avec des cartes que je venais d'acheter; c'est moi qui, en ôtant le bandeau, ai constaté que le taffetas était encore partout adhérent à la peau; enfin c'est moi qui ai de nouveau, pour ainsi dire, disséqué le bandeau pour acquérir la preuve que c'était bien le même que j'avais déjà essayé.

Après l'expérience, tous les assissants ont paru être surabondamment convaincus; quant à moi, ma conviction est maintenant complète, profonde, inébranlable.

Une dame, âgée de 64 ans, consulta le docteur Jules Clocquet pour un cancer ulcéré qu'elle portait au sein droit depuis plusieurs années, et qui était compliqué d'un engorgement considérable des ganglions axillaires correspondants.

Le docteur Chapelain, médecin ordinaire de cette dame, qui la magnétisait depuis quelques mois dans l'intention de dissoudre l'engorgement du sein, n'avait pu obtenir d'autre résultat, sinon de produire un sommeil très-profond pendant lequel la sensibilité paraissait anéantie, les idées conservant toute leur lucidité. Il proposa au docteur J. Clocquet de l'opérer pendant qu'elle serait plongée dans le sommeil magnétique. Ce dernier, qui avait jugé l'opération indispensable, y consentit, et le jour fut fixé. La veille et l'avant-veille, cette dame fut magnétisée plusieurs fois par le docteur Chapelain, qui la disposait, lorsqu'elle était en somnambulisme, à supporter sans crainte l'opération, qui l'avait même amenée à en causer avec sécurité, tandis qu'à son réveil elle en repoussait l'idée avec horreur.

Le jour de l'opération, le docteur J. Clocquet, arrivant à dix heures et demie du matin, trouva la malade habillée et assise dans un fauteuil, dans l'attitude d'une personne paisible et livrée au sommeil naturel. Il y avait à peu près une heure qu'elle était revenue de la messe qu'elle entendait habituellement à la même heure. Le docteur Chapelain l'avait mise dans le sommeil magnétique depuis son retour ; la malade parla avec beaucoup de calme de l'opération qu'elle allait subir. Tout étant disposé pour l'opérer, elle se déshabilla elle-même, et s'assit sur une chaise. Le docteur Chapelain soutint le bras droit, le bras gauche fut laissé pendant sur le côté du corps. M. Pailloux, élève interne de l'hôpital Saint-Louis, fut chargé de présenter les instruments et de faire les ligatures.

Une première incision, partant du creux de l'aisselle, fut dirigée au-dessus de la tumeur jusqu'à la face interne de la mamelle; une seconde, commencée au même point, cerna la tumeur par en bas et fut conduite à la rencontre de la première. Les ganglions engorgés furent disséqués avec précaution à raison de leur voisinage de l'artère axillaire, et la tumeur fut extirpée. La durée de l'opération a été de dix à douze minutes.

Pendant tout ce temps, la malade a continué à s'entretenir tranquillement avec l'opérateur et n'a pas donné le plus léger signe de sensibilité; aucun mouvement dans les membres ou dans les traits, aucun changement dans la respiration ou dans la voix, aucune émotion même dans le pouls ne se sont manifestés; la malade n'a pas cessé d'être dans l'état d'abandon et d'impassibilité automatique où elle était quelques minutes avant l'opération. On n'a pas été obligé de la contenir, on s'est borné à la soutenir. Une ligature a été appliquée sur l'artère thoracique latérale, ouverte pendant l'extraction des ganglions; la plaie étant réunie par des emplâtres agglutinatifs et pansée, l'opérée fut mise au lit toujours en état de somnambulisme, dans lequel on l'a laissée quarante-huit heures. Une heure après l'opération il se manifesta une légère hémorrhagie qui n'eut pas de suite. Le premier appareil fût levé deux jours après, la plaie fut nettoyée et pansée de nouveau. La malade ne témoigna aucune sensibilité, et le pouls conserva son rhithme habituel.

Après ce pansement, le docteur Chapelain réveilla la malade dont le sommeil somnambulique durait depuis une heure avant l'opération, c'est-à-dire depuis deux jours. Cette dame ne parut avoir aucune idée, aucun sentiment de ce qui s'était passé; mais, en apprenant qu'elle avait été opérée et voyant ses enfants autour d'elle, elle en éprouva une très-vive émotion que le magnétiseur fit cesser en l'endormant aussitôt.

Nous terminerons ce chapitre, dont tous les faits ont été constatés et signés par leurs témoins, par la relation de quelques expériences bien surprenantes et positives, faites à l'Hôtel-Dieu de Paris par M. Du Potet, sous les yeux et dans le service du docteur Husson. Le caractère et la position scientifique des médecins qui l'assistèrent ne permettant pas de suspecter la véracité du narrateur, nous allons mettre sous les yeux de nos lecteurs le procès-verbal des plus extraordinaires.

SÉANCE DU 7 NOVEMBRE 1826.

Lors de mon arrivée à neuf heures un quart, M. Husson vint me prévenir que M. le docteur Récamier désirait être présent et me voir endormir la malade, Catherine Samson, à travers la cloison. Je m'empressai de consentir à ce qu'un témoin aussi recommandable fût admis sur-le-champ. M. Récamier entra et m'entretint en particulier de ma conviction touchant les phénomènes magnétiques. Nous convînmes d'un signal, je passai dans le cabinet où l'on m'enferma. On fait venir la demoiselle Samson ; M. Récamier la place à plus de six pieds de distance du cabinet, ce que je ne savais pas, et y tournant le dos. Il cause avec elle, la trouve mieux; on dit que je ne viendrai pas; elle veút absolument se retirer.

Au moment où M. Récamier lui demande si elle digère la viande, — c'était le mot du signal convenu entre lui et moi, — je me mets en action. Il est neuf heures trente-deux minutes; elle s'endort à trente-cinq minutes. Trois minutes après, M. Récamier la touche, lui lève les paupières, la secoue par les mains, la questionne, la pince, frappe sur les meubles pour faire le plus de bruit possible; il la pince de nouveau et de toute sa force cinq fois; il recommence à la tourmenter; il la soulève à trois différentes reprises, et la laisse tomber sur son siége; la malade demeure absolument insensible à tant d'atteintes que je ne voyais qu'avec la plus grande peine, sachant que les sensations douloureuses qui n'étaient pas manifestées en ce moment se reproduiraient au réveil et causeraient des convulsions toujours difficiles à calmer.

Enfin, M. Husson et les assistants invitèrent M. Récamier à cesser des expériences devenues inutiles, la conviction commune sur l'état d'insensibilité de la malade au contact de tout ce qui m'était étranger étant complète.

J'avais fait à celle-ci, pendant ces épreuves, diverses questions auxquelles elle avait répondu. M. Récamier y avait intercallé les siennes, sur lesquelles il l'avait vue constamment muette. Elle me dit n'avoir aucun mal à la tête, mais elle se plaignit de frémissements dans le côté, qui, cependant ne lui faisait pas autant de mal aujourd'hui qu'hier.

Je rentre dans le cabinet, et le signal pour la réveiller ayant été donné à dix heures vingt-huit minutes, le réveil a lieu à trente minutes, etc.

SÉANCE DU 9 NOVEMBRE.

M. Bertrand, docteur de la Faculté de Paris, avait assisté à la séance précédente. Il y avait dit qu'il ne trouvait pas extraordinaire que la magnétisée s'endormît, le magnétiseur étant placé dans le cabinet; qu'il croyait que le concours particulier des mêmes circonstances environnantes opérait, hors de ma présence, un semblable effet; que, du reste, la malade pouvait y être prédisposée naturellement. Il proposa donc de faire l'expérience que je vais décrire.

Il s'agissait de faire venir la malade à l'heure ordinaire, dans le même lieu, de la faire asseoir sur le même siége et à l'endroit habituel; de tenir les mêmes discours, à son égard, avec elle; il lui semblait presque certain que le sommeil devait s'ensuivre. Je convins en conséquence de n'arriver qu'une demi-heure plus tard qu'à l'ordinaire.

A neuf heures trois quarts on commença à exécuter, vis-à-vis de la demoiselle Samson, ce que l'on s'était promis; on l'avait fait asseoir sur le fauteuil où elle était placée ordinairement et dans la même position; on lui fit diverses questions, puis on la laissa tranquille; on simula les signaux employés précédemment, comme de jeter des ciseaux sur la table, et on fit enfin une répétition exacte de ce qui se passait ordinairement. Mais on attendit vainement l'état magnétique qu'on espérait produire chez la malade. Celle-ci se plaignit de son côté gauche, s'agita, se frotta le côté, changea de place, se trouvant incommodée par la chaleur du poêle, et ne donna aucun signe du besoin de sommeil, ni naturel, ni magnétique.

SÉANCE DU 10 NOVEMBRE AU SOIR.

J'arrivai à près de sept heures au lieu de réunion; nous montâmes tous ensemble à la salle Sainte-Agnès; notre malade y occupait le lit n° 34; on me fit placer dans le plus grand silence, accompagné de deux de ces messieurs, entre les lits 35 et 36.

M. Husson, passant devant le lit de la demoiselle Samson, va visiter un autre malade plus loin, à qui il dit tout haut :

— C'est pour vous que je viens ce soir; vous m'avez inquiété à ma première visite, mais je vous trouve mieux. Tranquillisez-vous, ça ira bien.

Il revient près du lit 34, et demande à Mlle Samson si elle dormait; celle-ci répond qu'elle n'a point envie de dormir, et qu'elle ne dort jamais de si bonne heure. Elle tousse. Il se retire et vient se placer à quelques lits de distance, de manière à être hors de vue de la malade, mais à portée d'observer ce qui allait se passer.

A sept heures précises je magnétise la malade, à sept heures huit minutes elle dit en se parlant haut à elle-même :

— C'est étonnant comme j'ai mal aux yeux, je tombe de sommeil.

Deux minutes après, M. Husson passe auprès d'elle, lui adresse la parole, elle ne répond pas; il la touche et n'en obtient rien.

A sept heures onze minutes, nous nous approchons tous, et je lui fais les questions suivantes :

— Mlle Samson, dormez-vous?

— Oh! mon Dieu, que vous êtes impatientant!

— Comment vous trouvez-vous?

— J'ai mal à l'estomac depuis tantôt.

— Comment se fait-il que vous dormiez du sommeil magnétique?

— Je ne sais pas.

— Saviez-vous que j'étais là?

— Non, monsieur.

— Si on vous laissait dormir toute la nuit?

— Oh! non, ça me ferait mal.

— A quelle heure vous réveillerez-vous?

— Demain matin.

Je lui souhaite le bonsoir, et nous nous retirons tous ensemble.

M. le docteur Bertrand n'avait pas manqué d'assister à cette expérience qu'il avait lui-même proposée, le succès avait été complet, tout le monde était convaincu, et lui-même ne fit aucune difficulté de signer le procès-verbal qui en fut dressé.

XIX

MIROIR MAGIQUE DE DU POTET.

> Trop longtemps les magnétiseurs sont restés dans le cercle expérimental tracé par nos devanciers. Il faut maintenant le franchir hardiment, résolûment.
>
> DU POTET.

Pour cette opération, nous prenons un morceau de braise, nous traçons un cercle plein, en ayant soin que toutes ses parties soient noircies. Nos *intentions* sont bien formulées, aucune hésitation dans nos pensées : nous voulons que les Esprits animaux soient fixés dans ce petit espace et y demeurent enfermés ; qu'ils y appellent des Esprits ambiants et semblables, afin que des communications s'établissent entre eux, et qu'il en résulte une sorte d'alliance.

L'expérimenté, une fois attiré vers ce point, une pénétration intuitive, due au rapport qui s'établira entre les Esprits qui sont en lui et ceux fixés sur le miroir magique, doit avoir lieu ; il doit voir les événements et tout ce qui l'intéresse, comme s'il était dans l'extase ou dans le somnambulisme le plus avancé, bien que l'expérimenté soit libre de ses facultés comme de son être, et que rien chez lui ne soit enchaîné. Ce n'est peut-être pas là toute notre pensée, mais nous n'avons point de termes pour l'exprimer autrement.

L'opérateur doit se tenir à distance, sans qu'aucune influence de sa part vienne désormais s'ajouter, se joindre à ce qui a été fait tout d'abord.

Cette expérience est neuve pour nous comme pour toute l'assemblée, qui se compose, ce jour-là, de quatre-vingts personnes. Tous les yeux sont ouverts, c'est en plein jour, sur un parquet qui n'a reçu aucune préparation, qui n'est revêtu d'aucun enduit, le rond est tracé, et le charbon qui a servi est déposé sur la cheminée, où tout le monde est libre de l'examiner. Aucun parfum, aucune parole, enfin rien que ce rond charbonné, et l'occulte puissance qui y a été déposée au moment du tracé, tracé qui a demandé quatre minutes de préparation seulement. Durant ce court espace de temps, des rayons de notre intelligence, poussés par d'autres rayons, ont formé un foyer invisible, mais réel; nous sentons qu'il existe un trouble inconnu que nous éprouvons, à l'ébranlement de tout notre être, plus encore à une sorte d'affaissement résultant de la diminution de la somme de nos forces. Voici ce que l'on observe :

Plein de confiance en lui, sûr de l'impuissance de cette magie, un homme de vingt-cinq à vingt-six ans s'approche du rond fatidique, le considère d'abord d'un regard assuré, en examine les circonvolutions, car il est inégalement tracé, lève la tête, regarde un instant l'assemblée, puis reporte ses regards en bas, à ses pieds. C'est alors qu'on aperçoit un commencement d'effet : sa tête se baisse davantage, il devient inquiet de sa personne, tourne autour du cercle sans le perdre un instant de vue. Il se penche davantage encore, se relève, recule de quelques pas, avance de nouveau, fronce les sourcils, devient sombre et respire avec violence. On a alors sous les yeux la scène la plus étrange, la plus curieuse : l'expérimenté voit, à n'en pas douter, des images qui viennent se peindre dans le miroir. Son trouble, son émotion, plus encore ses mouvements inimitables, ses sanglots, ses larmes, sa colère, son désespoir et sa fureur, tout enfin annonce, prouve le trouble, l'émotion de son âme. Ce n'est point un rêve, un cauchemar, les apparitions sont réelles.

Devant lui se déroule une série d'événements représentés par des figures, des signes qu'il saisit, dont il se repaît, tantôt gai, tantôt rempli de tristesse, à mesure que les tableaux de l'avenir passent sous ses yeux. Bientôt même, c'est le délire de l'emportement; il veut saisir le signe, il plonge en lui un regard terrible, puis enfin il s'élance et frappe du pied le cercle charbonné, la poussière s'en enlève, et l'opérateur s'approche pour mettre fin à ce drame rempli d'émotions et de terreurs.

Pour un instant, on craint que le voyant n'exerce sur l'opérateur un acte de violence, car il le saisit brusquement par la tête et l'étreint avec force. Quelques paroles affectueuses et les procédés magnétiques apaisent, calment l'âme du voyant, et font rentrer dans leur lit ces courants vitaux débordés.

On entraîne dans une pièce voisine l'expérimenté ; mais avant qu'il ait repris entièrement ses sens, on lui ôte le souvenir de ce qu'il a vu et l'on achève de le calmer. Il ne lui reste bientôt qu'une douleur dans la partie supérieure du crâne, qui disparaît d'elle-même au bout d'une demi-heure. Malgré tout, il conserve une vague pensée, une préoccupation de l'esprit ; il cherche à se rappeler. Il sent qu'il s'est passé en lui quelque chose d'étrange ; mais quoi qu'il fasse, sa mémoire ne peut lui fournir un trait, une figure de tout ce qu'il a vu : tout est confus en lui, et les interrogations nombreuses qu'il subit n'amènent aucune révélation.

Rêvons-nous, sommes-nous nous-même sous le charme d'une illusion ? Avons-nous bien vu ce que nous venons de décrire ? Oui ! oui ! nous l'avons vu, saisi, plein de calme et de raison ; tout est réel, et nous restons bien au-dessous de la vérité, ne pouvant entièrement la peindre dans ce récit, car les mots nous manquent, quoique notre mémoire soit fidèle.

Cette expérience a porté dans tous les esprits la conviction qu'une découverte venait de se révéler, et que le magnétisme allait certainement s'ouvrir une nouvelle route. Les faits, déjà si curieux, offerts par le somnambulisme, sont dépassés, car ici l'homme est éveillé.

CONCLUSION.

Et, de fait, l'âme a double vie, l'une conjointe avec le corps, et l'autre séparable de toute corporéité.

IAMBLIQUE.

Le Magnétisme touche au moment de sa révélation suprême et de son intronisation solennelle dans la constitution sociale.

Que les Magnétiseurs prennent courage. Galilée fut condamné au feu pour avoir dit que la Terre tournait... et la Postérité a fait justice à Galilée. N'est-elle pas prête aussi à la rendre aux Magnétiseurs? Le passé leur répond de l'avenir, et la réalisation de cet avenir est venue.

Quelle sublime et généreuse révolution!

Le Magnétisme, universellement pratiqué, aura une influence puissante et immédiate sur l'Humanité, car c'est une doctrine qui révèle à l'homme le mystère de son organisation physique et psychique, en même temps qu'elle lui montre la voie par laquelle Dieu l'attire à lui.

Combien donc sont coupables ceux qui, par intérêt, par ignorance, ou par de ridicules préventions, entravent la marche de cette science admirable! Que peut l'égoïsme, que peuvent la sottise et l'apathie, que feront de vains scrupules devant la vérité? Quelque temps d'arrêt, quelques luttes impuissantes, quelques hommes sacrifiés, voilà les résultats du vertige insensé d'un esprit révolté. Que pèse cela dans l'Eternité ?

Ce qui est vrai triomphe toujours; les Hommes passent, et la Vérité demeure.

POST-FACE.

On écrirait de nombreux volumes pour analyser tous ceux qui ont paru sur le Magnétisme depuis Mesmer, et on aurait presque autant à publier si l'on voulait rechercher et collectionner les preuves manifestes de cette science miraculeuse, qui ont été constatées dès la plus haute antiquité jusqu'à ce célèbre docteur.

Dans le cadre restreint qui nous est imposé, nous nous sommes efforcé de réunir les principes fondamentaux du Magnétisme — cet art de révéler les choses secrètes, de deviner les remèdes salutaires, et de lire dans les cœurs — tels qu'ils se trouvent dans les écrits de Mesmer, de Deleuze, son disciple le plus renommé, et dans un Rapport mémorable de l'Académie de médecine. Quant aux règles de la pratique et aux autres parties de notre travail, nous en avons puisé les éléments dans les ouvrages si justement renommés de Mesmer, Deleuze, Puységur, Faria, Al. Bertrand, Delauzanne, Teste, Ricard, Du Potet, ainsi que dans l'étude journalière que nous faisons nous-même de la grande et admirable science du Magnétisme.

FIN DES MERVEILLES DU MAGNÉTISME.

APHORISMES DE MESMER

DICTÉS A L'ASSEMBLÉE DE SES ÉLÈVES

ET DANS LESQUELS ON TROUVE
SES PRINCIPES, SA THÉORIE ET LES MOYENS DE MAGNÉTISER,
LE TOUT FORMANT UN CORPS DE DOCTRINE
DÉVELOPPÉ
EN TROIS CENT QUARANTE-QUATRE PARAGRAPHES,
POUR FACILITER L'APPLICATION DES COMMENTAIRES AU
MAGNÉTISME ANIMAL

ouvrage mis au jour par CAULLET DE VEAUMOREL, médecin de la maison de MONSIEUR

AVERTISSEMENT DE L'ÉDITEUR DE 1785

Dévoué par goût à la physique et à la médecine, je me suis toujours occupé d'approfondir les faits les plus extraordinaires. De tous ceux qui ont piqué ma curiosité, aucun ne m'a aussi vivement frappé que le magnétisme animal. J'entendais parler des phénomenes qu'il produisait et qui méritaient assurément l'attention de tout philosophe. Cependant il s'en fallait de beaucoup que j'ajoutasse foi à la plupart; ils me paraissaient si étonnants, que je les croyais enfantés par l'enthousiasme ou fondés sur des rapports. On sait combien la vérité s'altère lorsqu'elle est transmise de bouche en bouche.

Cette incertitude me fit désirer de connaître par moi-même ce qu'on désignait sous le nom de magnétisme animal, et les propriétés de ce nouvel être.

Pour parvenir à s'éclaircir et à juger, il ne s'agissait pas seulement d'observer ce qu'éprouvaient les malades et les moyens qu'on employait pour leur procurer les effets dont je suis devenu témoin.

Je désirai me faire instruire, persuadé qu'en faisant un apprentissage j'aurais occasion de rencontrer dans des salles nombreuses la plupart des phénomènes qu'on m'avait dit avoir observés et qui tenaient du merveilleux.

Je priai M. Deslon de m'instruire et de m'admettre à magnétiser à ses baquets. J'en reçus l'agrément avec l'honnêteté qu'il employait envers tous les médecins qui se présentaient à lui pour s'instruire. Je fis environ un mois d'apprentissage ; je désirai moi-même être soumis pendant ce temps à l'action du magnétisme animal, persuadé que pour définir parfaitement une maladie il fallait l'avoir éprouvée.

Je pris donc place au baquet, et j'observai avec la plus scrupuleuse attention les sensations que pouvaient me procurer les fers conducteurs et la corde dont je me ceignais le corps. Je priai même tous les médecins magnétisants, dont le nombre, déjà grand, s'augmentait encore tous les jours, de me magnétiser. Je préférai ceux qui paraissaient mieux réunir la théorie à la pratique. Mais n'étant pas malade, et peut-être mauvais sujet magnétique, ce temps se passa sans avoir éprouvé aucune sensation.

Cependant les phénomènes que je voyais autour de moi ne me permirent pas de conclure, de ce que je n'éprouvais rien, que les autres devaient être des convulsionnaires ou visionnaires.

C'était au printemps et dans l'été. J'observai constamment que les jours de crises plus fortes et plus fréquentes étaient ceux où il devait y avoir de l'orage, et surtout après dîner, et que des circonstances variées contribuaient beaucoup à les augmenter ou à les diminuer.

En tout temps, une musique exprimant une tempête ou un bruit de guerre, etc., animait les crises languissantes et décidait celles qui restaient indécises, tandis que les personnes en crise violente trouvaient de l'adoucissement ou du calme dans un *andantino affettuoso*, ou dans quelque air pathétique en ton mineur. Toutes les fortes vibrations de l'air avaient également le pouvoir de décider les crises ou de les augmenter.

Le thermomètre et notre hygromètre ne m'ont point paru prédire les crises; mais le baromètre annonçant l'orage m'a rarement trompé, surtout l'après-dînée.

Je ne rapporterai point les différentes crises que j'ai observées. Tous les livres qui traitent sérieusement du magnétisme animal, même ceux qui l'ont tourné en dérision, en font assez mention pour que je ne cherche pas à les rappeler ici ; d'autant plus que mon dessein n'est pas de publier une théorie des crises, mais de mettre au jour celle qu'emploie M. Mesmer pour produire les effets qu'il regarde comme des crises, parce qu'elles doivent tendre à rappeler la santé.

Les personnes maigres, bilieuses, sanguines, et dont le genre nerveux est irritable, sont communément celles sur qui le magnétisme animal m'a paru avoir plus d'action.

Je n'ai pas seulement fait ces observations dans les salles de M. Deslon ; mais la plupart des baquets de Paris et des environs m'ont confirmé ces faits, et tous les phénomènes que j'y ai remarqués m'ont paru à peu près les mêmes. Ils se sont toujours annoncés par les mêmes symptômes, soit pandiculations, bâillements, étouffements, petite toux, tremblement, sommeil, étonnement, palpitation de l'œil, bourdonnement d'oreilles, flatuosité, gonflement de l'estomac, des hypocondres, etc. Quelle qu'en soit la cause, j'ai remarqué des crises de la même nature à tous les baquets.

Il serait inutile dans ce moment de donner au public la théorie que je me suis faite sur cette cause. Elle serait d'autant plus déplacée, que pour publier une théorie et l'exposer au jugement public, il faudrait la donner à des personnes qui eussent au moins l'idée de ce qu'est le magnétisme animal, et qui pussent la vérifier en magnétisant eux-mêmes. Ceux qui seront dépourvus de préjugés pourront être les vrais juges de la question qui occupe le public incertain. L'expérience seule fixera leur opinion sur le jugement qu'ils auront à porter, et le public instruit, ayant une idée nette des principes et des effets du magnétisme animal, se mettra à même de jouir des avantages qu'il y aura reconnus.

Je mets ces aphorismes au jour principalement pour les médecins dont l'opinion est suspendue, et qui, dans l'incertitude, ne sont pas portés à sacrifier une somme et à se déplacer de chez eux, pour venir écrire ces dictées, pratiquer le magnétisme animal hors du sein de leurs affaires.

C'est à leurs sollicitations que je me rends en publiant cet ouvrage, qui m'a été donné par un des élèves de M. Mesmer.

J'espère que l'auteur ne s'offensera pas de cette publicité. L'extension de sa doctrine a souvent été le vœu de ses écrits.

Je n'ai absolument rien changé à ces dictées, afin de ne pas être accusé d'y avoir voulu introduire quelque chose d'étranger à sa doctrine.

Les imperfections de style n'étonneront sûrement pas ceux qui sauront que ces dictées n ont point été données pour être imprimées.

D'ailleurs on trouvera que M. Mesmer, quoique étranger, s'y fait fort bien entendre.

J'ai mis ces cahiers en ordre d'aphorismes, pour donner au public la facilité de faire des notes sur chaque paragraphe, et afin de pouvoir appliquer, dans quelque temps, les commentaires que me fourniront les expériences et les réflexions des philosophes qui s'en seront occupés.

Ils m'obligeront en me les adressant port franc. Je les emploierai avec reconnaissance, autant qu'ils ne seront point dictés par l'enthousiasme. Je mettrai même le nom de ceux qui me les auront fait passer, afin que je puisse donner au public des preuves de l'impartialité qu'on refuse à mon état. Ceux qui désireront que leur nom reste inconnu seront désignés par la lettre qu'ils indiqueront. Ils auront la complaisance de marquer le numéro du paragraphe auquel auront rapport leurs notes, pour qu'elles soient directement placées sous chaque aphorisme, dont elles deviendront le commentaire.

Mon intention est de donner au public un recueil d'opinions qu'il m'aura remis lui-même en détail.

Disciple de M. Deslon, je n'enfreindrai point la parole d'honneur que j'ai signée chez lui de n'instruire personne de ses procédés sans le consentement du comité. Mais comme sa méthode lui est personnelle et qu'il n'a jamais prétendu qu'elle fût celle de M. Mesmer, je me fais une loi de ne point amplifier celle-ci aux dépens de l'autre, même d'une troisième méthode intéressante que je connais.

Les médecins instruits de la doctrine de M. Deslon s'empresseront de la confronter avec celle de M. Mesmer, et je ne doute pas que les élèves de celui-ci n'éprouvent le même empressement, lorsque M. Deslon aura tenu la promesse qu'il a récemment donnée de faire connaître sa propre doctrine.

Cette collection tournera au profit du public, qui pour lors jugera lui-même les effets et les propriétés du magnétisme animal.

Je me permettrai seulement les deux remarques suivantes, pour démontrer qu'il ne faut absolument pas dédaigner les phénomènes que nous offre la nature.

Qu'on imagine ce qu'on aurait pensé d'un homme qui aurait dit, il y a deux cents ans, qu'un corps vitrifié était naturellement entouré d'un fluide dont la subtilité pénétrait invisiblement presque tous les corps, et dont l'activité, semblable à la foudre, était aussi propre à détruire l'économie animale qu'à rappeler les organes du corps humain à leurs fonctions naturelles.

Si quelqu'un même, dans ce siècle éclairé, disait qu'il n'est pas indifférent d'avoir les mains couvertes d'huile de vitriol, exposées au soleil ou à l'ombre, on pourrait négliger cette découverte. Mais on serait cependant bien surpris si la même personne, faisant cette expérience sans aucune préparation préliminaire et à l'ombre où cette huile le brûlerait, démontrait ensuite que les rayons du soleil arrêtent cette brûlure, et qu'en y exposant ses mains il peut se laver avec la même huile, sans éprouver aucune sensation désagréable.

Cette nouvelle découverte, dont on pourra sans doute tirer parti, est due à M. Quinquet, maître en pharmacie, déjà connu par des expériences intéressantes sur l'électricité, et par ses lampes à courant d'air et à cylindre de verre, dont il est l'inventeur, et auxquelles la perfection qu'il vient d'y ajouter assure à jamais son nom.

Comme je me suis attaché à laisser les principes, la doctrine et les procédés du magnétisme animal dans l'état où ils me sont parvenus, je crois nécessaire de prévenir les contrefaçons, en ajoutant mon nom à la fin de ces aphorismes sur une feuille blanche qui pourra être coupée, parce que nous ne vendrons l'ouvrage qui suivra celui-ci, et pour lequel j'ai déjà reçu beaucoup de notes, qu'à ceux qui m'enverront cette feuille sur laquelle sera ma signature.

Caullet de Veaumorel.

1785.

AU LECTEUR

Au moment de mettre sous presse cette nouvelle édition des *Merveilles du magnétisme*, la pensée nous est venue d'y joindre les *Aphorismes de Mesmer*, ce célèbre père du magnétisme animal.

On sait, ainsi que l'indique le titre, que ces aphorismes n'ont pas été mis au jour directement par Mesmer, qui les débitait verbalement à son auditoire. Ce fut l'un de ses élèves, M. Caullet de Veaumorel, médecin de la maison de MONSIEUR (le comte d'Artois, depuis Charles X), qui les publia pour la première fois en 1785 ; aucune autre version que la sienne n'a paru depuis.

Un heureux hasard nous ayant mis en possession de deux manuscrits beaucoup plus corrects de ces aphorismes, manuscrits tracés par la main d'un autre élève de Mesmer, M. Brillouët, médecin de S. A. S. Mgr le duc de Bourbon, prince de Condé, nous a mis à même de reconnaître et de signaler beaucoup d'erreurs et omissions qui se sont glissées dans les éditions de Caullet de Veaumorel.

Par un errata joint à un certain nombre d'exemplaires de la deuxième édition, publiés sous la qualification de troisième édition, celui-ci avait déjà signalé vingt de ces erreurs ; mais beaucoup d'autres que nous avons reconnues lui ont encore échappé.

Des passages entièrement omis, des phrases tronquées se rencontrent à chaque instant dans toutes les éditions publiées jusqu'à ce jour, et ce qui témoigne de l'exactitude de notre version, c'est qu'aucune des erreurs signalées dans la troisième édition de Caullet de Veaumorel n'existe dans notre copie.

Afin de rendre plus facile l'appréciation des différences qui existent entre notre édition et celles qui l'ont précédée, nous nous sommes imposé l'obligation de suivre rigoureusement la version de Caullet de Veaumorel, en introduisant, entre deux crochets [ ], chaque fois que cela nous a été possible, les passages omis.

Lorsque ce moyen est devenu impraticable, sous peine

d'altérer le texte des premières éditions, et dans le but de rendre notre édition aussi intéressante que possible, nous avons reproduit, sous forme de note, au bas de la page même, d'après la version de Brillouët, l'aphorisme tronqué.

Nous pensons maintenant que quelques explications sur l'authenticité du manuscrit que nous possédons ne seront pas déplacées ici.

Dans une introduction que, faute d'espace, nous ne pouvons joindre à ce volume, M. Brillouët annonce comment, vers 1784, il se forma à Paris, sous la dénomination de *Société de l'harmonie*, une association pour la propagation du magnétisme animal, dont le prix d'admission était de 2,400 fr. M. Brillouët fut, comme Caullet de Veaumorel, un des membres ou initiés de cette association. Nous allons maintenant le laisser parler :

« Plusieurs initiés, dit-il, répandirent bientôt dans le monde les effets prodigieux du magnétisme. S. A. S. Mgr le prince de Condé, auquel rien d'utile n'échappe, eut l'extrême générosité de s'intéresser pour me faire instruire de la nouvelle découverte. Il paya généreusement la moitié de la somme, Mme la princesse de Monaco le quart; M. le comte de Puységur, M. le marquis d'Autichamp et M. le chevalier de Mintier firent le reste, et j'eus l'extrême satisfaction d'être reçu de la *Société de l'harmonie* le 5 avril 1784. Je me suis tellement appliqué aux leçons de M. Mesmer, que je les ai saisies mot à mot dans l'ordre qui suit.

« BRILLOUET. »

Nous possédons l'original, signé de la main même de Mesmer, du traité passé entre celui-ci et M. Brillouët, par lequel Mesmer s'engage à lui enseigner sa doctrine. Le manque d'espace nous prive d'en donner copie à nos lecteurs.

PASSARD.

Paris, 24 septembre 1857.

APHORISMES DE MESMER

I. — DES PRINCIPES.

1. Il existe un principe incréé, Dieu ; il existe dans la nature deux principes créés, la matière et le mouvement.

2. La matière élémentaire est celle qui a été employée par le Créateur pour la formation de tous les êtres.

3. Le mouvement opère le développement de toutes les possibilités.

4. On ne peut point se faire une idée positive de la matière élémentaire ; elle est placée entre l'être simple et le commencement de l'être composé : elle est comme l'unité à l'égard des quantités arithmétiques.

5. L'impénétrabilité constitue son essence, l'impénétrabilité fait qu'une partie n'est pas l'autre.

6. La matière est indifférente à être en mouvement ou à être en repos.

7. La matière en mouvement constitue la fluidité, le repos de la matière fait la solidité.

8. Si deux ou plusieurs parties de la matière sont en repos, il résulte de cet état une combinaison.

9. L'état de la combinaison est un état relatif du mouvement ou du repos de la matière.

10. Dans ces relations seules consiste la source de toutes les variétés possibles dans les formes et dans les propriétés.

11. Comme la matière n'est susceptible que des différentes combinaisons, les idées que nous avons de celles des nombres ou des quantités arithmétiques peuvent

servir à nous faire sentir l'immensité du développement des possibilités.

12. Considérant les particules de la matière élémentaire comme des unités, on concevra aisément que ces unités peuvent s'assembler par deux, par trois, par quatre, par cinq, etc., et que de cet assemblage il résultera des sommes ou des aggrégats qui peuvent être continués à l'infini.

13. Cette manière de réunir les unités, les aggrégats, constitue la première espèce des combinaisons possibles.

14. Considérant ensuite ces premières combinaisons comme de nouvelles unités, nous aurons autant d'espèces d'unités comme il y aura de nombres possibles, et nous pourrons concevoir encore des assemblages de ces unités entre elles.

15. Si ces assemblages ou aggrégats sont formés d'unités de la même espèce, ils constituent un tout de *matière homogène*.

16. Si ces aggrégats sont formés d'unités de différentes espèces, ils constituent un tout de *matière hétérogène*.

17. De ces diverses combinaisons dont chacune peut aller à l'infini, on conçoit l'immensité de toutes les combinaisons possibles.

18. La matière proprement dite n'a, par elle-même, aucune propriété; elle est indifférente à toute sorte de combinaison [et toutes les propriétés qu'elle nous présente sont les résultats ou les produits de ses diverses combinaisons].

19. L'ensemble d'une quantité de la matière en état de combinaison, considérée comme formant un tout, est ce que nous appelons *un corps*.

20. Si, dans la combinaison des parties constitutives d'un corps, il existe un ordre tel qu'en conséquence de cet ordre il résulte de nouveaux effets ou de nouvelles combinaisons, elles constituent un tout que nous appelons *corps organique*.

21. Si les parties de la matière sont combinées dans un tel ordre qu'il ne résulte aucun nouvel effort de cet

ordre, il en résulte un tout que nous appelons *corps inorganique* (1).

22. Ce que nous appelons *corps inorganique* est une distinction purement métaphysique, puisque, s'il ne résultait absolument aucun effet d'un corps, il n'existerait pas.

23. La matière élémentaire de toutes les parties constitutives des corps est de la même nature. Cette identité se trouve dans la dernière dissolution des corps.

24. Si nous considérons les parties constitutives des corps comme existantes l'une hors de l'autre, nous avons l'idée *du lieu.*

25. Les lieux sont des points imaginaires dans lesquels il se trouve ou peut se trouver de la matière.

26. La quantité de ces points imaginaires détermine l'idée de l'*espace.*

27. Si la matière change de lieu et occupe successivement différents points, ce changement ou cet acte de la matière est ce que nous appelons *mouvement.*

28. Le mouvement modifie la matière.

29. Le premier mouvement est un effet immédiat de la création, et ce mouvement donné à la matière est la seule cause de toutes les différentes combinaisons et de toutes les formes qui existent.

30. Ce mouvement primitif est universellement et constamment entretenu par les parties de la matière les plus déliées, que nous appelons *fluide.*

31. Dans tous les mouvements de la matière fluide, nous considérons trois choses : la *direction*, la *célérité* et le *ton.*

32. Le ton est le genre ou le mode de mouvement [déterminé] qu'ont les parties entretenues en état.

33. Il n'y a que deux sortes de directions directement opposées l'une à l'autre. Toutes les autres sont compo-

(1) 21. Si les parties de la matière sont combinées dans un tel ordre qu'il n'en résulte aucun nouvel effet, elle forme ce que nous appelons un corps inorganique.

(BRILLOUET.)

sées de ces deux; par l'une de ces directions les parties se rapprochent, et par l'autre elles s'éloignent. Par l'une s'opère la combinaison, par l'autre la disproportion.

34. L'égalité dans la force de ces deux directions fait que les parties ne s'éloignent ni ne se rapprochent; par conséquent qu'elles ne sont ni dans l'état de cohésion ni dans celui de dissolution, ce qui constitue l'état de fluidité parfaite.

35. A mesure que les directions s'éloignent de cet état d'égalité, la fluidité diminue et la solidité augmente, *et vice versa.*

36. La combinaison ou la cohésion primitive s'est opérée lorsque [toutes] les directions de mouvement des parties se sont trouvées opposées, ou que leur célérité vers la même direction s'est trouvée inégale.

37. Une quantité de matière dans l'état de cohésion ou de repos constitue la solidité ou la masse du corps.

38. La première impulsion de mouvement que la matière avait reçue dans un espace absolument plein était suffisante pour lui donner toutes les directions et toutes les gradations de célérité possibles.

39. La matière conserve la quantité de mouvement qu'elle a reçue dans le principe.

40. Les différents genres de mouvement peuvent être considérés, ou dans les corps entiers, ou dans les parties constitutives.

41. Les parties constitutives de la matière fluide peuvent être combinées de toutes les manières possibles, et recevoir tous les genres de mouvement possibles entre elles.

42. Toutes les propriétés, soit des corps organisés, soit des corps inorganisés, dépendent de la manière dont leurs parties sont combinées, et du mouvement de ces parties entre elles.

43. Si une quantité de fluide est mise en mouvement dans une même direction, cela s'appelle *courant.*

44. Si on suppose un courant qui, en s'insinuant dans un corps, se partage en une infinité de petits courants

infiniment minces, en forme de lignes, on appelle ces subdivisions *filières.*

45. Lorsque la matière élémentaire, par des directions opposées, ou par des célérités inégales, se met [enfin] en repos, et acquiert quelque cohésion, il résulte de la manière dont les particules sont combinées des intervalles ou *interstices.*

46. Les interstices des masses restent perméables aux courants ou filières de la matière subtile.

47. Tout corps plongé dans un fluide obéit aux mouvements de ce fluide.

48. Il s'ensuit que si un corps est plongé dans un courant, il est entraîné dans sa direction, ce qui n'arrive pas à un corps obéissant à plusieurs directions confuses. Soit

49. Si A se meut vers B, et si la cause du mouvement est B, ce serait ce qu'on appelle *attraction;* si A se meut en B, et si la cause de ce mouvement est en C, alors ce ne serait qu'un entraînement, ou ce qu'on peut appeler une *attraction apparente.*

50. La cause de l'attraction apparente et de la répulsion est dans la direction des courants rentrants ou sortants.

51. Lorsque les filières des courants opposés s'intercalent l'une dans l'autre immédiatement, il y a attraction; lorsqu'elles se heurtent en opposition, il y a répulsion.

52. Attendu que tout est plein, il ne peut exister un courant sortant dans un courant rentrant, *et vice versa.*

53. Il existe dans l'univers une somme déterminée, uniforme et constante, de mouvement qui, dans le commencement, a été imprimé à la matière.

54. Cette impression du mouvement *s'est faite* d'abord sur une masse de fluide, de façon que toutes les parties contiguës du fluide ont recu [en même temps] les mêmes impressions.

55. Il en est résulté deux directions opposées, et toutes les progressions des autres mouvements composés.

56. Tout étant plein, si A se meut vers B, il faut deux choses : que B soit déplacé par A, et que A soit remplacé par B.

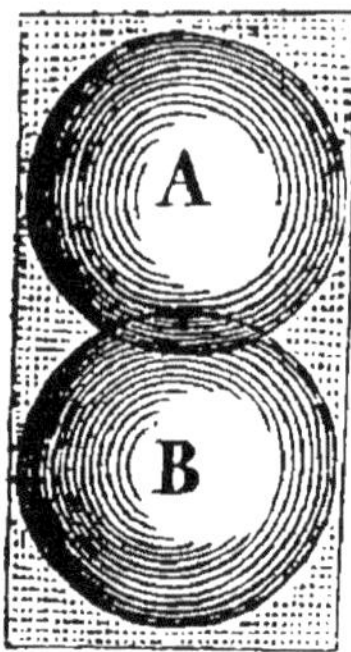

57. Cette figure explique : 1° toutes les gradations et toutes les directions de mouvements.

2° Un mouvement de rotation universel et particulier.

3° Ce mouvement n'est propagé qu'à une certaine distance de l'impression primitive (1).

4° Des courants universels et [particuliers] plus ou moins composés.

58. 5° Moyennant ces courants, la somme du mouvement est distribuée et appliquée à toutes les parties de la matière.

59. 6° Dans les modifications des courants existe la source de toutes les combinaisons et de tous les mou-

(1) Nous reproduisons cette phrase en entier d'après Brillouet.

3° Ce mouvement n'est propagé qu'à une certaine distance [proportionnée à l'impulsion] primitive.

Cependant, le manuscrit non corrigé dit également l'impression, comme dans l'édition imprimée que nous copions.

vements possibles, développés et à développer. Ainsi dans le nombre infini [d'essais] de combinaisons de la matière, que le mouvement de l'une ou de l'autre espèce avait hasardée, celles qui étaient parfaites, c'est-à-dire [celles] où il n'y avait point de contradiction de mouvement, ont subsisté et se sont conservées et, en se perfectionnant, sont parvenues à former des moules pour la propagation des espèces. On pourra se faire une idée de cette opération par la comparaison des cristallisations.

60. 7° Tous les corps flottent dans un courant de la matière subtile.

61. 8° Ainsi, par des directions opposées et des célérités inégales, les particules s'étant touchées et étant restées sans mouvement, formèrent le premier degré de cohésion, une infinité de molécules plus grossières ont été amenées et appliquées aux premières plus considérables, qui étaient en repos, et constituèrent une masse qui est devenue le germe et l'origine de tous les grands corps.

62. Deux particules qui sont en repos mettent un obstacle aux deux filières des courants qui leur répondent. Ces deux filières, ne pouvant pas passer en *droiture*, se joignent en deux filières voisines et accélèrent leur mouvement, et cette accélération est en raison de ce que les passages ou interstices sont plus rétrécis (1).

63. A l'approche d'un corps solide, tout courant est accéléré, et cette accélération est en raison de la compactibilité ou de la solidité de la matière.

64. Ou ces filières en passant gardent leur première direction [ou bien elles la perdent], et leurs parties obéissent à un mouvement confus.

(1) 62. Deux particules qui sont en repos mettent un obstacle aux deux filières des courants qui leur répondent. Ces deux filières, ne pouvant pas passer en *direction*, augmentent le mouvement dans les filières voisines en se joignant à elles. C'est ainsi que le mouvement est plus ou moins accéléré, en raison que les passages des interstices sont plus ou moins rétrécis. BRILLOUET.

65. Si ce courant en traversant un corps est modifié n filière séparée, et si les fibres opposées, partant de deux corps, s'insinuent mutuellement dans les interstices l'une de l'autre, sans troubler leur mouvement, il en résulte l'attraction apparente ou le phénomène de l'aimant.

66. Si les filières, au lieu de s'insinuer, se heurtent ou que l'une prédomine l'autre, il en résulte la répulsion.

67. L'équilibre exige que quand un courant entre dans un corps, un autre en sorte également, et cependant le mouvement des rayons sortants est plus faible, parce qu'ils sont divergents et épars.

68. La nature des courants universels et particuliers étant ainsi déterminée, on explique l'origine et la marche des corps célestes.

69. 1° La molécule la plus grossière que le hasard a formée est devenue le centre d'un courant particulier.

70. 2° Le courant, à mesure qu'il a enchaîné la matière flottante dont il était environné, a grossi ce corps central, le courant en a été accéléré, et il est devenu plus général, et il s'est emparé de la matière la plus grossière; cette action s'est étendue jusqu'à la distance où elle s'est trouvée contre-balancée [et arrêtée] par l'action semblable d'un autre corps central.

71. 3° Puisque l'action se faisait également de la périphérie vers le centre, les corps sont devenus nécesssairement *sphères*.

72. 4° La différence de leur masse a dépendu du hasard, de la combinaison des premiers molécules, qui leur a donné plus ou moins de grosseur.

73. 5° La différence de leur masse répond à l'étendue de l'espace qui se trouve entre eux.

74. 6° Comme toute la matière a reçu un mouvement de rotation, il en résulte dans chaque central un mouvement sur son axe.

75. 7° Comme ces corps sont excentriques relativement au tourbillon dans lequel ils sont plongés, ils s'éloignent du centre jusqu'à ce que le mouvement cen-

trifuge soit proportionné à la force du courant qui les porte vers le centre.

76. 8° Tous les corps célestes ont une tendance réciproque les uns vers les autres, qui est en raison de leur masse et de leur distance; cette action s'exerce plus directement entre les points de leur surface qui se regardent (1).

77. 9° Ces corps sphériques, tournant sur leur axe et s'opposant réciproquement une moitié de leur surface, reçoivent les impressions mutuelles sur cette moitié. Ces impressions mutuelles et alternatives constituent le flux et le reflux dans chacune de leur sphère (2).

78. 10° Ces actions, et ces rapports réciproques expliqués, constituent l'influence entre tous les corps célestes. Ils sont manifestés dans les corps les plus éloignés par les effets qu'ils produisent les uns sur les autres. Ils se troublent dans leurs révolutions et arrêtent, retardent ou accélèrent le mouvement de leurs orbites.

79. 11° Il est donc une loi constante dans la nature, c'est qu'il y a une influence mutuelle sur la totalité de ces corps, et conséquemment elle s'exerce sur toutes les parties constitutives et sur leurs propriétés.

80. Cette influence réciproque et les rapports de tous les corps coexistants forment ce qu'on appelle *magnétisme.*

(1) 76. 8° Tous les corps célestes ont une tendance réciproque les uns vers les autres, qui n'est qu'en raison directe de leurs masses et inverse de leurs distances: cette action s'exerce plus directement entre les points de leurs surfaces qui se regardent. BRILLOUET.

(2) 77. 9° Ces corps, tournant sur leur axe et s'opposant réciproquement une moitié de leur surface, reçoivent ainsi leurs impressions mutuelles et alternatives : c'est ce qui constitue le flux et reflux dans chacune de leurs sphères. BRILLOUET.

II. — DE LA COHÉSION.

81. La cohésion est l'état de la matière où ses particules se trouvent ensemble sans mouvement local, et ne peuvent se quitter sans un effort étranger.

82. La matière peut être réduite en cet état par les directions du mouvement directement opposées, ou par l'inégalité de vitesse dans les mêmes directions.

83. Deux particules qui se touchent excluent dans le point de contact la matière subtile [comme dans cet exemple ou figure], la séparation [de ces deux corps AA,

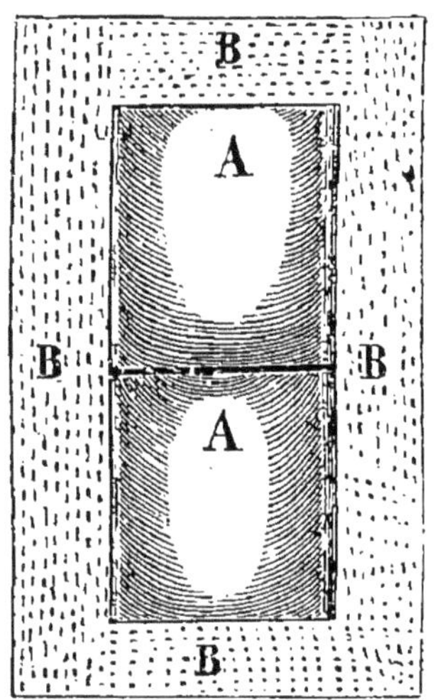

particules qui touchent et qui adhèrent entr'elles BBBB, a matière subtile qui les environne et les tient unies entre elles] ne peut se faire sans un effort contre la matière subtile qui les environne, et l'effort nécessaire pour l'opérer sera égal à la résistance.

84. La résistance est égale à la colonne entière qui répond au point de contact.

85. La résistance totale n'est qu'un moment, et ce moment est celui de la séparation.

86. La résistance ou la cohésion est donc en raison combinée des points de contact et de la grandeur de la colonne du fluide universel dans lequel le corps est plongé, et qui a pour base les points de contact.

87. La colonne de la matière résistante est invariable, et la cohésion est en raison directe des points de contact.

88. La cohésion n'étant que le moment où la continuité du fluide est interrompue par le contact, sitôt que la continuité est rétablie, la cohésion cesse.

III. — DE L'ÉLASTICITÉ.

89. Un corps est élastique, qui, lorsqu'il est comprimé, se rétablit dans son premier état (1).

90. L'élasticité dans les corps est la propriété de se rétablir dans leur ancien état après avoir été comprimés.

91. Un corps est donc élastique :

1° Quand les particules qui le composent peuvent, par leur figure, être rapprochées ou éloignées, sans être déplacées entre elles.

2° Quand ces mêmes particules souffrent un effort pour discontinuer la cohésion, sans que l'effort soit suffisant pour l'opérer.

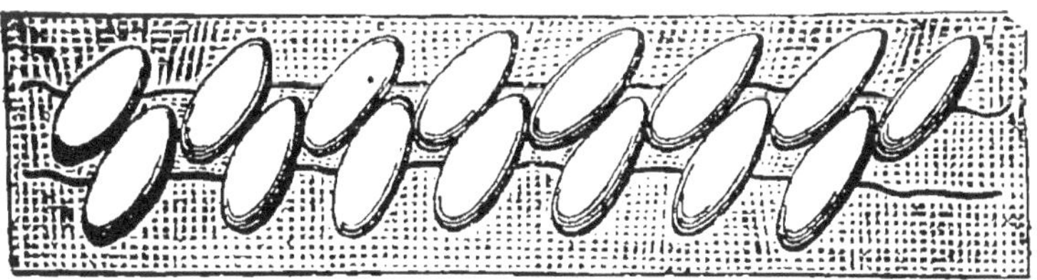

[Ces figures donnent une idée des molécules qui sont supposées continuer les corps élastiques par leur forme ;

(1) 89. Un corps n'est élastique que lorsque, ayant été comprimé, il se rétablit dans son premier état. Bt.

on conçoit qu'en les appuyant les unes sur les autres, elles doivent se rétablir dans leur premier état et reprendre leurs justes dimensions.]

Au premier cas, c'est-à-dire quand les molécules [qui constituent un corps élastique] se rapprochent, les filières du courant sont rétrécies sans être discontinuées, et elles agissent comme autant de coins sur les points latéraux des molécules, avec d'autant plus de force que leur accélération a été augmentée par le rétrécissement des interstices.

Dans le second cas, [quand les particules s'éloignent] il se fait un effort pour vaincre le moment (1) de la cohésion : cet effort, étant insuffisant, subsiste jusqu'à ce qu'il soit vaincu et anéanti par la cause de la cohésion.

92. Le corps élastique comprimé, dans l'instant de la compression, souffre la résistance de la cohésion, sans qu'elle puisse être vaincue entièrement. C'est le moment de la résistance au plus grand effort de la séparation commencée, qui n'est pas achevée, qui constitue le plus haut degré de l'élasticité d'un corps ; dans cet état il souffre l'action de la colonne du fluide, c'est-à-dire que l'effort pour vaincre la cohésion est égal à l'action de la colonne de fluide qui presse sur les parties latérales des molécules, et qu'il faut soulever pour la vaincre.

93. Plus un corps élastique est comprimé, plus la résistance augmente ; la cause de l'élasticité étant en partie celle de la cohésion, la résistance est en raison de la quantité des points de contact sur lesquels les efforts se font, et qui s'opposent à ces efforts.

94. Les corps non élastiques sont ceux dont les parties comprimées peuvent, par leurs figures, être déplacées sans être discontinuées entre elles.

95. Dans un corps [non] élastique les parties ne peuvent se déplacer sans la solution de la cohésion.

96. Les nuances d'efforts contre la cohésion et les

(1) Brillouet dit *mouvement* au lieu de *moment*.

nuances de résistance pour la cause de la cohésion produisent tous les effets de l'élasticité.

97. Ces efforts donnent aux parties constitutives une autre direction, sans pouvoir les dissoudre ; ces parties constitutives se déplacent par rapport à la masse, sans se déplacer entre elles, en se quittant sans quitter la place (1).

IV. — DE LA GRAVITÉ.

98. Il y a une tendance réciproque entre tous les corps coexistants. Cette tendance est en raison des masses et des distances.

99. Les causes de cette tendance sont les courants dans lesquels ces corps se trouvent plongés, et dont la force et la quantité de mouvement sont en raison composée de leur masse et grandeur et de leur célérité.

100. C'est cette tendance que l'on appelle gravité; donc tous les corps coexistants gravitent les uns sur les autres.

101. Un courant général de la matière subtile élémentaire, dirigé vers le centre de notre globe, entraîne dans sa direction toute la matière combinée qu'il rencontre, et qui par sa composition oppose une résistance à ce fluide.

102. Dans le principe, il se fit vers un centre une précipitation de toutes les particules [composées] qui se trouvent dans toute l'étendue d'activité de ce courant, dans l'ordre de leur résistance, de sorte que la matière, qui étant la plus grossière prêtait le plus de résistance, se précipita la première.

97. Ces efforts donnent aux parties constituées une autre direction, sans pouvoir les dissoudre. Ces parties constituées se déplacent par rapport (à leur) masse, (sans se déplacer) entre elles et sans se quitter. (Le corps mou diffère en cela que ses particules se déplacent entre elles en se quittant sans quitter la masse.) Bt.

103. Ainsi se sont formées toutes les couches de la matière qui compose les différents objets.

104. La force motrice étant appliquée à chacune des particules de la combinaison primitive, la quantité de l'effet de la gravité ou [la] pesanteur est en raison de la célérité du courant et de la résistance de la matière.

105. Comme la célérité des courants augmente en approchant de la terre, la gravité augmente dans la même proportion.

106. La terre gravite également vers tous les corps pesants et vers toutes les particules (1) constitutives.

107. Dans les points où les courants se trouvent en équilibre, la gravité cesse.

108. A une certaine profondeur de la masse de la terre, la gravité cesse.

109. Les eaux (2) capables de changer la *compactibilité* de la matière combinée, et celles qui sont en état de changer l'intensité des courants, peuvent aussi augmenter ou diminuer la gravité des corps ; tels sont le changement [dans le degré de vitesse] du mouvement de rotation, une variété d'intensité dans la cause du flux et du reflux, encore comparativement la calcination et la vitrification.

110. Les causes de la gravité et leur modification sont la raison de la solidité différente des parties constitutives de la terre.

111. La solidité ou la *compactibilité* de la terre augmente à une certaine profondeur, après laquelle elle diminue et cesse probablement.

V. — DU FEU.

112. Il y a deux directions du mouvement. Selon l'une, les parties de la matière se rapprochent ; et suivant l'au-

(1) Dans Brillouet on lit *parties*.
(2) Brillouet dit *les causes* au lieu de *les eaux*.

tre, elles s'éloignent. L'une est le principe de la combinaison, l'autre opère sa dissolution.

113. Un mouvement de la matière extrêmement rapide, oscillatoire, qui par sa direction est appliqué à un corps dont la combinaison ne se trouve que dans un certain degré de cohésion, en produit la dissolution : c'est le feu.

114. Le feu, considéré relativement à nos sens, produit sur le fluide universel un mouvement oscillatoire qui, étant propagé jusqu'à la rétine, donne l'idée de la *flamme* ou lueur du feu, et étant réfléchi par d'autres corps, donne l'idée de la lumière.

115. Le même mouvement propagé et appliqué aux parties destinées au tact, en diminuant ou affaiblissant plus ou moins la cohésion, donne l'idée de la *chaleur*.

116. L'état du feu est donc un état de la matière opposé à celui de la cohésion ; par conséquent ce qui peut diminuer la cohésion de la matière approche plus ou moins [de la nature du feu, ainsi].

117. La matière phlogistique est celle qui par sa légère combinaison ne résiste pas à l'action du mouvement opposé (1).

118. La combustibilité est en raison de la légèreté de la matière. Les différentes nuances de ce mouvement et de ce rapprochement vers l'état du feu produisent les divers degrés de la chaleur et leurs effets.

VI. — DU FLUX ET DU REFLUX.

119. La cause de la gravité de tous les grands corps l'est aussi de toutes les propriétés des corps organisés et inorganisés.

120. Le mouvement de rotation des sphères, leurs dif-

(1) 117. La matière combustible ou phlogistique est cette matière légère, subtile antagoniste de la cohésion. Bt.

férentes distances, font que les causes de l'influence mutuelle sont appliquées successivement et alternativement aux parties de ces globes qui sont en *conspect* les uns des autres.

121. La surface du globe est couverte de la matière liquide, l'*atmosphère et l'eau*, qui se conforment exactement aux lois hydrostatiques et à celles de l'équilibre (1).

122. La partie qui se trouve dans ce conspect ayant perdu de sa gravité, les parties latérales compriment et élèvent cette portion jusqu'à ce qu'elle se trouve en équilibre avec le reste. La surface de l'atmosphère et celle de la mer deviennent aussi (2) un sphéroïde, dont l'axe le plus long est tourné vers la lune et la suit dans son cours. Le soleil concourt à cette opération, quoique plus faiblement.

123. On appelle cet effet alternatif des principes de gravité, le flux et le reflux.

124. Lorsque différentes causes concourent soit relativement à divers astres, soit relativement à la terre, dans laquelle cette action devient commune à toutes les parties constitutives et à tous les êtres qui les occupent, il y a donc des flux et des reflux plus ou moins généraux, [plus ou moins particuliers], plus ou moins composés ?

125. Les effets de cette action alternative et réciproque, qui augmente et diminue les propriétés des corps organisés, seront nommés *intension* et *rémission*. Ainsi donc par cette action seront augmentées et (3) diminuées la cohésion, la gravité, l'électricité, l'élasticité, le magnétisme, l'irritabilité.

126. Cette action à l'égard de l'opposition respective

(1) 121. La surface du globe est couverte de la matière liquide qui, avec l'eau, concourt à former l'atmosphère qui [à son tour] se conforme exactement aux lois hydrostatiques ou de l'équilibre. BRILLOUET.

(2) Brillouet dit *ainsi*.

(3) Brillouet dit *ou* au lieu de *et*.

de la terre et de la lune est plus forte dans les équinoxes.

127. 1° Puisque la tendance centrifuge sous l'équateur est plus considérable, la gravité des eaux et de l'atmosphère plus faible ;

128. 2° Puisque l'action du soleil concourt avec celle de la lune, cette action est encore plus forte lorsque la lune est dans ses signes boréaux [lorsqu'elle est dans son périgée], lorsqu'elle est en opposition ou en conjonction avec le soleil.

129. Les divers concours de ces causes modifient différemment l'intension du flux et reflux.

130. Comme tous les corps particuliers sur la surface de la terre ont leur influence ou tendance mutuelle et réciproque, il existe encore une cause spéciale du flux et du reflux.

131. Indépendamment du flux et reflux observé jusqu'à présent, il en existe de séculaires, d'annuels, de mensuels, de journaliers, et différents autres irréguliers accidentels.

VII. — DE L'ÉLECTRICITÉ.

132. Si deux masses, chargées de quantités inégales de mouvement, se rencontrent (1), elles se communiquent le surplus pour se mettre en équilibre. La masse la moins chargée reçoit de l'autre ce qu'elle a de plus. Cette [dé] charge se fait ou en quantité considérable à la fois, ou successivement comme par filières.

Le premier cas se manifeste par une explosion capable de produire le phénomène du *feu* et du *son*.

Le second cas produit les effets de l'attraction de la répulsion apparente; le produit de ces effets s'appelle *électricité;* ces effets observés de la nature sont dits

(1) Brillouet dit *s'approchent* au lieu de *se rencontrent.*

lectricité naturelle ; elle se manifeste dans les nuage d'une chaleur inégale ou même entre les nuages et la terre.

133. Le surplus de mouvement excité par le frottement d'un corps électrique, et qui se trouve exposé à un autre, de façon à pouvoir se décharger, forme l'*électricité artificielle*.

134. Dans toute électricité on observe des courants renrants et sortants.

VIII. — DE L'HOMME.

135. L'homme, à raison de sa constitution, est considéré en état de sommeil, en état de veille, en état de santé en état de maladie ; de même que pour toute la nature, dans l'homme il n'y a que deux principes, la matière et le mouvement (1).

136. La masse de la matière qui le constitue peut être augmentée ou diminuée.

137. La diminution doit être réparée ; la matière perdue est donc réparée de la masse générale moyennant les aliments.

138. La quantité (2) du mouvement [peut augmenter ou diminuer la diminution du mouvement] est réparée de la somme du mouvement général par le sommeil.

139. Comme l'homme fait deux sortes de dépenses, il a de même deux sortes de réfection, par les aliments et le sommeil.

140. Dans l'état de sommeil, l'homme agit en machine dont les principes du mouvement sont internes.

(1) 135. L'homme, en raison de sa *constitution*, est considéré en état de sommeil, en état de veille, en état de santé, en état de maladie; de même que tout ce qui existe dans la nature, l'homme n'a que deux principes : la *matière* et le *mouvement*. BRILLOUET.

(2) Brillouet dit *diminution* au lieu de *quantité*.

141. L'état de sommeil de l'homme est quand l'exercice et les fonctions d'une partie considérable de son être sont suspendus pour un temps, durant lequel la quantité de mouvement [qui a été] perdue pendant la veille est réparée par les propriétés des courants universels dans lesquels il est placé.

142. Il y a deux sortes de courants universels relativement à l'homme : la gravité et le courant magnétique d'un pôle à l'autre,

143. L'homme reçoit et rassemble une certaine quantité de mouvement, comme dans un réservoir ; le surplus du mouvement ou la plénitude du réservoir détermine la veille (1).

144. L'homme commence son existence dans l'état de sommeil ; dans cet état, la portion du mouvement qu'il reçoit proportionnée à sa masse est employée pour la formation et le développement des rudiments de ses organes.

145. Sitôt que la formation est achevée, il se réveille, fait des efforts sur sa mère assez puissants pour le faire mettre au jour.

146. L'homme est en état de santé, quand toutes les parties dont il est composé ont la faculté d'exercer les fonctions auxquelles elles sont destinées.

147. Si dans toutes ses fonctions règne un ordre parfait, on appelle cet état *état de l'harmonie.*

148. La maladie est l'état opposé, c'est-à-dire celui où l'harmonie est troublée.

149. Comme l'harmonie n'est qu'une, il n'y a qu'une santé.

150. La santé est représentée par la ligne droite.

151. La maladie est l'aberration de cette ligne ; cette aberration est plus ou moins considérable.

(1) 143. L'homme reçoit et rassemble une certaine quantité *d'un* mouvement *connu* dans *ses* réservoirs, le surplus du mouvement ou la plénitude du réservoir détermine la veille. BRILLOUET.

152. Le *remède* est le moyen qui remet l'ordre ou l'harmonie qui a été troublée.

153. Le principe qui constitue, rétablit ou entretient l'harmonie, est le principe de la conservation ; le principe de la guérison est donc nécessairement le même.

154. La portion du mouvement universel que l'homme a reçu en partage dans son origine, et qui, d'abord modifié dans son moule matrice, est devenu tonique, a déterminé sa formation et le développement des viscères et de toutes les autres parties organiques constitutives.

155. Cette portion du mouvement est le principe de la vie.

156. Ce principe entretient et rectifie les fonctions de tous les viscères.

157. Les viscères sont les parties constitutives organiques qui préparent, rectifient et assimilent toutes les humeurs, en déterminant le mouvement des sécrétions et des excrétions.

158. Le principe vital étant une partie du mouvement universel et obéissant aux lois communes du fluide universel, est donc soumis à toutes les impressions de l'influence des corps célestes, de la terre, et des corps particuliers qui l'environnent.

159. Cette faculté ou propriété de l'homme d'être susceptible de toutes ces relations, est ce qu'on appelle *Magnétisme* [animal].

160. L'homme étant constamment placé dans les courants universels et particuliers, en est pénétré ; le mouvement du fluide, modifié par les différentes organisations [de ses parties constitutives,] devient tonique. Dans cet état il suit la continuité des corps le plus longtemps qu'il peut, c'est-à-dire vers les parties les plus éminentes.

161. Dans ces parties éminentes ou extrémités, s'écoulent et rentrent des courants, lorsqu'un corps capable de les recevoir ou de les rendre leur est opposé. Dans ces cas les courants étant rétrécis dans un point, leur célérité est augmentée.

162. Ces points d'écoulements ou d'entrée de courants

toniques sont ce que nous appelons *pôles*. Ces pôles sont analogues à ceux qu'on observe dans l'aimant.

163. Il y a donc des courants rentrants et sortants, des pôles qui se détruisent, qui se renforçent (1) comme dans l'aimant ; leur communication est la même. Il suffit d'en déterminer un pour que l'autre opposé soit formé en même temps.

164. Sur une ligne imaginée entre les deux pôles, il y a un centre ou point d'équilibre où l'action est nulle, c'est-à-dire où aucune direction ne prédomine.

165. Ces courants peuvent être propagés et communiqués à une distance considérable, soit par une continuité ou enchaînement des corps, soit par celle d'un fluide, comme l'air et l'eau.

166. Tous les corps dont la figure est déterminée en pointe ou en angle servent à recevoir les courants et en deviennent *conducteurs*.

167. On peut regarder les conducteurs comme des ouvertures [ou], des trous ou des canaux qui servent à faire écouler les courants.

168. Ces courants, conservant toujours leur caractère tonique qu'ils avaient reçu, peuvent pénétrer tous les corps solides et liquides.

169. Ces courants peuvent être communiqués et propagés par tous les moyens où il existe continuité, soit solide, soit fluide, par les rayons de la lumière, et par la continuité des oscillations des sons (2).

170. Ces courants peuvent être renforcés :

171. 1° Par toutes les causes du mouvement commun ; tels sont tous les mouvements intestins et locaux, les sons, les bruits, le vent, le frottement électrique et tout autre, et par les corps qui sont déjà doués d'un mouvement, comme l'aimant, ou par les corps animés (3) ;

(1) Brillouet dit *se forment*.
(2) Brillouet dit *solides* au lieu de *sons*.
(3) 171. 1° Par toutes les causes d'un mouvement commun *intestin, par le choc*, par le bruit, par le vent, par le frottement électrique et par tout autre ; par les corps qui

172. 2° Par leur communication à des corps durs dans lesquels ils peuvent être concentrés et rassemblés comme dans un réservoir, pour être distribués ensuite dans diverses directions;

173. 3° Par la quantité des corps auxquels les courants sont communiqués; ce principe n'étant pas une substance, mais une modification, son effet augmente comme celui du feu à mesure qu'il est communiqué.

174. Si le courant du magnétisme animal concourt dans la direction avec le courant général ou avec le courant magnétique du monde, l'effet général qui en résulte est l'augmentation d'intensité de tous ces courants.

175. Ces courants peuvent encore être [augmentés et] réfléchis dans les glaces, d'après les lois de la lumière.

IX. — DES SENSATIONS.

176. *Sentir* est [dans] la matière organisée, la faculté de recevoir des impressions.

177. Comme le corps se forme par la continuité de la matière, ainsi la sensation résulte de la continuité des impressions ou affections d'un corps organisé.

178. Cette continuité d'affections constitue un ensemble, un tout qui peut se combiner, se composer, se comparer, se modifier, s'organiser; et le résultat de tout est une pensée.

179. Tout changement dans les proportions et dans les rapports des affections de notre corps produit une pensée qui n'était pas avant.

180. Cette pensée représente la différence entre l'état antérieur et l'état changé; la sensation est donc l'aperçu (1) de la différence, et la sensation est en raison de la différence.

sont déjà doués d'un mouvement connu, par l'aimant, enfin par les corps animés.

(1) Au lieu de *l'aperçu*, Brillouet dit *l'apparence*.

181. Il y a autant de sensations possibles qu'il y a de différences possibles entre les proportions.

182. Les instruments ou organes qui servent à apercevoir les différences des affections sont nommés *les sens;* les parties principales constitutives de ces organes, dans tous les animaux, sont les nerfs, qui, en plus ou moins grande quantité, sont exposés plus ou moins à être affectés par les différents ordres de la matière.

183. Outre les organes connus, nous avons encore différents organes propres à recevoir l'impression (1), de l'existence desquels nous ne doutons pas à cause de l'habitude où nous sommes de nous servir des organes connus, d'une manière grossière, et parce que des impressions fortes auxquelles nous sommes accoutumés [dès l'enfance], ne nous permettent pas d'apercevoir des impressions plus délicates.

184. Il est probable, et il y a de fortes raisons *à priori* (2), que nous sommes doués d'un sens interne qui est en relation avec l'ensemble de tout l'univers; des observations exactes peuvent nous en assurer; de là on pourrait comprendre la possibilité des pressentiments [des sympathies, des antipathies].

185. S'il est possible d'être affecté de manière à avoir l'idée d'un être à une distance infinie, ainsi que nous voyons les étoiles, dont l'impression nous est envoyée en ligne droite par la succession d'une matière coexistante entre elles et nos organes, pourquoi ne serait-il pas possible d'être affecté par des êtres dont le mouvement successif est propagé jusqu'à nous en lignes courbes ou obliques, dans une direction quelconque, pourquoi ne pourrions-nous pas être affectés par l'enchaînement des êtres qui se succèdent?

186. Une loi de la sensation est que, dans toutes les affections qui se font sur nos organes, celle-là devient

(1) Au lieu de *l'impression*, Brillouet dit *des sensations.*

(2) Au lieu de *à priori*, Brillouet dit *de croire.*

sensible, qui est la plus forte. La plus forte sensation efface la plus faible.

187. Nous ne sentons pas l'objet tel qu'il est, mais seulement l'impression, la nature et la disposition de l'organe qui la reçoit et les impressions qui l'ont précédée (1).

188. Nos sensations sont donc le résultat de tous les effets que font les objets sur nos organes.

189. De là nous voyons que nos sens ne nous présentent pas les objets tels qu'ils sont ; on peut seulement se rapprocher plus ou moins de la connaissance de la nature des objets par un usage et une application combinée et réfléchie de différents sens, mais jamais on ne peut atteindre à leur vérité.

X. — DE L'INSTINCT.

190. La faculté de sentir dans l'harmonie universelle, le rapport que les êtres et les événements ont avec la conservation de chaque individu, est ce qu'on doit appeler l'instinct.

191. Tous les animaux sont doués de cette faculté ; elle est soumise aux lois communes des sensations. Cette sensation est plus forte en raison du plus grand intérêt que les événements ont sur notre conservation.

192. La vue est un exemple d'un sens par lequel nous pouvons apercevoir les rapports que les êtres coexistants ont entre eux, ainsi que leurs relations et actions sur nous avant qu'ils nous touchent immédiatement.

193. Cette relation ou différence d'intérêt est à l'ins-

(1) 187. Nous ne sentons pas l'objet tel qu'il est, mais seulement l'impression ou l'effet qu'il produit sur nos organes ; [dans toutes les sensations, il faut considérer la cause qui produit l'impression], la nature et la disposition de l'organe qui la reçoit, et les sensations qui l'ont précédé. BRILLOUET.

tinct ce que la grandeur et la distance des objets sont à la vue.

194. Comme cet instinct est un effet de l'ordre, [et] de l'harmonie, il devient une règle sûre des actions et des sensations ; il s'agit seulement de cultiver et d'entretenir cette sensibilité directrice.

195. Un homme insensible à l'instinct est ce qu'est un aveugle à l'égard des objets visibles.

196. L'homme qui seul se sert de ce qu'il appelle sa raison est comme celui qui se sert d'une lunette pour voir tout ce qu'il veut regarder ; il est disposé par cette habitude à ne pas voir avec ses propres yeux et à ne jamais voir les objets comme un autre.

197. L'instinct est dans la nature, la raison est factice, chaque homme a sa raison à lui, l'instint est un effet déterminé, [et] invariable de l'ordre de la nature sur chaque individu.

198. La vie de l'homme est la portion du mouvement universel, qui dans son origine devient tonique et appliqué à une partie de la matière, a été destinée à former les organes et les viscères et ensuite à entretenir, à rectifier [toutes] leurs fonctions.

199. La mort est l'abolition entière du mouvement tonique ; la vie de l'homme commence par le mouvement et finit par le repos ; de même que dans toute la nature, le mouvement est la source des combinaisons et du repos, de même dans l'homme le principe de la vie devient cause de la mort.

200. Tout développement et formation du corps organique consiste dans les relations diverses et successives entre le mouvement et le repos ; leur quantité étant déterminée, le nombre des relations possibles entre l'un et l'autre doit être aussi déterminé. La distance entre deux termes ou points peut être considérée comme représentant la durée de la vie (1).

(1) 200. Tout développement [des fonctions] des corps organiques consiste dans les relations [des viscères ; ces

201. Si l'un de ces termes [ou points] est le mouvement et l'autre le repos, la progression successive de diverses proportions de l'une et de l'autre constitue la marche et la révolution de la vie. [Cette figure représente la vie, la période de la vie, la santé, la maladie et la mort. La ligne diagonale AB représente la santé, A est la vie ou le point

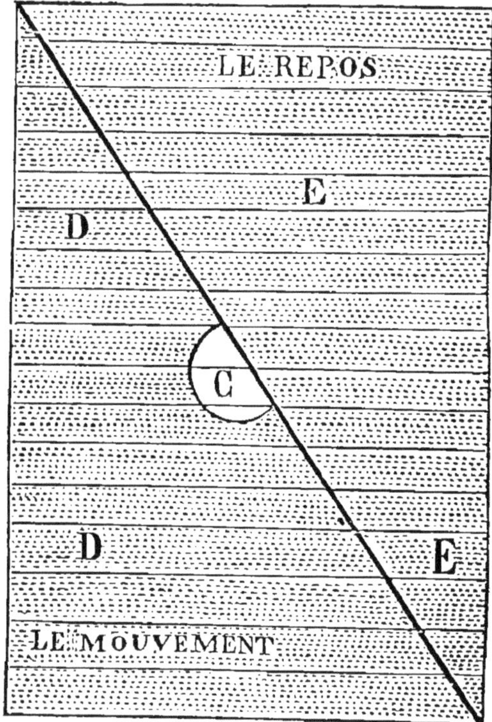

où l'homme commence d'être. B est la mort ou le point où il finit. C est le midi, ou le point le plus puissant de l'âge, ou le terme de quarante-cinq ans ; chaque ligne représente un lustre, et cette échelle est de quatre-vingt-dix ans ; DD est la cause du mouvement ; EE est celle

relations] sont successives entre le mouvement et le repos. BRILLOUET.

du repos. — En partant ainsi du mouvement DD vers le repos EE, on arrive au point de leur équilibre C qui est l'ascension de la vie; passé ce point on commence à mourir, [parce que le mouvement diminue et que le repos augmente.]

202. Cette progression de diverses modifications entre le mouvement et le repos peut être exactement proportionnée, ou cette proportion peut être troublée.

203. Si l'homme parcourt cette progression sans que les proportions en soient troublées, il existe en parfaite santé et parvient à son dernier terme sans maladie; si ces proportions sont troublées, la maladie commence (1). La maladie n'est donc autre chose qu'une perturbation dans la progression du mouvement de la vie. Cette perturbation peut être considérée comme existante dans les solides ou dans les fluides; existant dans les solides, elle dérange l'harmonie des propriétés des parties organiques, en diminuant les unes et augmentant les autres [les mouvements de la fibre élémentaire qui les constitue ou en l'accélérant d'une manière désordonnée]; existant dans les fluides, elle [les dénature plus ou moins en les les rendant visqueux, épais ou trop fluides] trouble [ainsi] leur mouvement local et intestin. [Il s'ensuit que] L'aberration du mouvement dans les (2) solides, en altérant leurs propriétés, trouble les fonctions des viscères et les différences qui doivent s'y faire, [et que] l'aberration du mouvement intestin des humeurs produit leur dégénération; l'aberration du mouvement local produit obstruction et (3) fièvre; obstruction par le ralentissement ou abolition du mouvement, fièvre par l'accélération. La perfection des solides ou des viscères consiste dans l'harmonie de toutes leurs propriétés et dans leurs fonctions; la qualité des fluides,

(1) Au lieu de *commence* Brillouet dit *a lieu*.
(2) Au lieu de *dans les* Brillouet dit *des*.
(3) Brillouet dit *ou* au lieu de *et*.

leur mouvement intestin et local sont le résultat des fonctions des viscères.

204. Il suffit donc, pour établir l'harmonie générale du corps, de rétablir les fonctions des viscères, parce que leurs fonctions une fois rétablies, ils assimilent tout ce qui peut l'être, et séparent tout ce qui ne peut être assimilé. Cet effet de la nature sur les viscères s'appelle crise.

XI. — DE LA MALADIE.

205. La maladie étant l'aberration de [la ligne droite qui représente la santé ou] l'harmonie, cette aberration peut être plus ou moins considérable et produit des effets plus ou moins sensibles ; ces effets sont appelés *symptômes* symptomatiques.

206. Si ces effets sont produits par la cause de la maladie, on les appelle *symptômes;* si au contraire ces effets sont des efforts de la nature contre les causes de la maladie, et tendent à la détruire et à ramener l'harmonie, on les appelle symptômes critiques.

207. Dans la pratique [de l'art de guérir], il importe de les bien distinguer, afin de prévenir ou d'arrêter les uns et de favoriser les autres.

208. Toutes les causes des maladies dénaturent ou dérangent plus ou moins les proportions entre la matière et le mouvement des viscères entre les solides ou (1) les fluides ; elles produisent par leurs différentes applications une rémission ou perturbation plus ou moins marquée dans les propriétés de la matière [qui constitue] et des organes. Toutes ces causes de maladies dérangent plus ou moins les proportions entre la matière et le mouvement des viscères qui en sont constitués et aussi

(1) Brillouet dit *et* au lieu de *ou*.

l'état des solides. Ce dérangement entre les solides et les fluides produit une réminiscence ou perturbation plus ou moins marquée dans les propriétés de la matière qui constitue les organes.

209. Pour remédier aux efforts de la rémission et de la perturbation, et pour les détruire, il faut donc provoquer l'intension, c'est-à-dire, il faut augmenter *l'irritabilité, l'élasticité, la fluidité et le mouvement.*

210. Un corps étant en harmonie est insensible à l'effet du magnétisme [animal], puisque la proportion ou l'harmonie établie ne varie point, par l'application d'une action uniforme et générale (1) ; au contraire un corps étant en désharmonie, c'est-à-dire dans l'état dans lequel les proportions sont troublées ; dans cet état, quoique par habitude on n'y soit pas sensible, il le devient par l'application du magnétisme, et cela parce que la proportion ou la dissonance est augmentée par cette application.

211. De là on comprend encore que la maladie étant guérie, on devient insensible au magnétisme [animal], et c'est le *criterium* (2) de la guérison.

212. On comprend encore que l'application du magnétisme [animal] augmente souvent les douleurs.

213. L'action du magnétisme [animal] arrête l'aberration de l'état de l'harmonie.

214. Il suit de cette action que les symptômes [symptomatiques] cessent par l'application du magnétisme [animal.]

215. De là il suit encore que par le magnétisme [animal], les efforts de la nature contre les causes des ma-

(1) Nous reproduisons la dernière partie de cet aphorisme d'après le manuscrit :

Au contraire, un corps étant en désharmonie [d'équilibre] devient sensible au magnétisme [animal], parce que la proportion ou la dissonnance est augmentée par cette application. BRILLOUET.

(2) Brillouet dit *symptôme* au lieu de *criterium*.

ladies sont augmentés, que par conséquent les symptômes critiques sont augmentés.

216. C'est par ces effets divers qu'on parvient à distinguer ces différents symptômes.

217. Le développement des symptômes se fait dans l'ordre inverse dans lequel la maladie s'est formée.

218. Il faut se représenter la maladie comme un peloton qui se dévide exactement comme il commence et comme il s'est accru.

219. Aucune maladie ne se guérit sans une crise.

220. Dans une crise on doit observer trois époques principales ; la perturbation, la coction, et l'évacuation. [Il suffit donc, pour rétablir l'harmonie générale du corps, de rétablir les fonctions des viscères; parce que leurs fonctions une fois rétablies, ils assimilent tout ce qui peut être assimilé. Cet effort de la nature s'appelle crise.]

XII. — DE L'ÉDUCATION.

221. L'homme peut être considéré comme existant individuellement, ou comme constituant une partie de la société ; sous ces deux points de vue, il tient à l'harmonie universelle.

222. L'homme est parmi les animaux une espèce destinée par sa nature à vivre en société.

223. Le développement de ses facultés, la formation de ses habitudes, sous ces deux rapports, sont ce qu'on appelle éducation.

224. La règle de l'éducation est donc 1° la perfection (1) des premières facultés ; 2° l'harmonie de ses habitudes avec l'harmonie universelle.

225. L'éducation de l'homme commence avec son exis-

(1) Brillouet dit *prééminence* au lieu de *perfection*.

tence. Dès ce moment l'enfant commence : 1° à exposer les organes de ses sens aux impressions des objets externes ; 2° à déployer et à exercer les mouvements de ses membres.

226. La perfection des organes des sens consiste : 1° dans l'irritabilité; 2° dans toutes les combinaisons possibles de leurs usages.

227. La perfection du mouvement de ses membres consiste : 1° dans la *sensibilité* ; 2° *la justesse des directions ;* 3° *la force ;* 4° *l'équilibre.*

228. Ce développement étant un progrès de végétation, la règle de ce développement doit être prise dans l'organisation de chaque individu, qui devient soumis à l'action du mouvement universel et de l'influence générale et particulière.

229. 1° La première règle est donc d'éloigner tous les obstacles qui pourraient troubler et empêcher ce développement.

230. 2° De placer successivement l'enfant dans la possibilité ou liberté entière de faire tous les mouvements et tous les essais possibles (1).

231. L'enfant, obéissant uniquement au principe de la nature qui a formé ses organes, trouvera tout seul l'ordre dans lequel il convient de s'instruire, se développer et [de] se former.

232. L'homme, considéré en société, a deux manières d'être en relation avec ses semblables, par ses idées et ses actions.

233. Pour communiquer ses idées aux autres hommes, il y a deux moyens, la langue et l'écriture naturelle ou de convention.

234. La langue naturelle est la physionomie, la voix et les gestes ; l'écriture naturelle est la faculté de dessiner tout ce qui peut parler aux yeux.

(1) 230. 2° De placer successivement l'enfant dans la possibilité entière de faire tous les mouvements *ou* tous les *efforts* possibles. BRILLOUET.

235. La langue de convention consiste dans les paroles; ou l'écriture de convention, dans les lettres (1).

XIII. — THÉORIE DES PROCÉDÉS.

236. Il a été exposé dans la théorie du système général que les courants universels étaient la cause de l'existence des corps, que tout ce qui était capable d'accélérer ces courants produisait l'intension ou l'augmentation des propriétés de ces corps. D'après ce principe, il est aisé de concevoir que s'il était en notre puissance d'accélérer ces courants, nous pourrions, en augmentant (2) l'énergie de la nature, étendre à notre gré dans tous les corps leurs propriétés, et même rétablir celles qu'un accident aurait affaiblies; mais de même que les eaux d'un fleuve ne peuvent remonter vers leur source pour augmenter la rapidité de leur courant, de même les parties constitutives de la terre, soumises aux lois des courants universels, ne peuvent agir sur la source primitive de leur existence. Si nous ne pouvons agir immédiatement sur les courants universels, n'existe-t-il point pour tous les corps en général des moyens parti-

(1) Voici ces trois mêmes aphorismes d'après Brillouet.

233. Pour communiquer ses idées aux autres hommes, ses moyens sont la langue et l'écriture. La langue ou l'écriture sont ou naturelles ou de convention.

234. La langue naturelle est la physionomie, la voix et les gestes; l'écriture naturelle est la faculté de dessiner, de marquer d'une manière quelconque tout ce que l'on veut dire ou faire remarquer pendant son absence.

235. La langue de convention consiste dans un idiome de sons propres à exprimer des mots convenus qui expriment une infinité de choses. Cette expression s'appelle la parole, et les caractères qui la peignent s'appellent l'écriture; l'art de solfier les tons qui composent l'écriture s'appelle lecture.

(2) Brillouet dit *augmenter*.

culiers d'agir les uns sur les autres en accélérant réciproquement entre eux les filières des courants qui traversent les interstices (1).

237. Comme il existe une gravitation générale et réciproque de tous les corps célestes les uns vers les autres, il existe de même une gravitation particulière et réciproque des parties constitutives de la terre vers le tout et de ce tout vers chacune de ces parties, et enfin de toutes ces parties les unes vers les autres; cette action réciproque de tous les corps s'exerce par les courants rentrants et sortants, d'une manière plus ou moins directe, suivant (2) l'analogie des corps. Ainsi, de tous les corps, celui qui peut agir avec plus d'efficacité sur l'homme est son semblable. Il suffit qu'un homme soit auprès [en présence] d'un autre homme pour agir sur lui, en provoquant l'intension de ses propriétés.

238. La position respective des deux êtres qui agissent l'un sur l'autre n'est pas indifférente; pour juger quelle doit être cette position, il faut considérer chaque être comme un tout composé de diverses parties, possédant chacune une forme ou un mouvement tonique particulier; on conçoit, par ce moyen, que deux êtres ont l'un sur l'autre la plus grande influence possible, lorsqu'ils sont placés de manière que leurs parties analogues agissent les unes sur les autres dans l'opposition la plus exacte. Pour que deux hommes agissent le plus fortement possible l'un sur l'autre, il faut donc qu'ils soient placés en face l'un de l'autre. Dans cette position, ils provoquent l'intension de leurs propriétés d'une manière harmonique et peuvent être considérés comme ne for-

(1) Voici la dernière partie de cet aphorisme d'après Brillouet.

En accélérant réciproquement entre eux le mouvement du fluide qui traverse les filières qui *enfilent* les interstices des courants.

Le mot *enfilent* est substitué dans le manuscrit au mot *traversent*.

(2) Brillouet dit *les raisons de* au lieu de *suivant*.

mant qu'un tout. Dans un homme isolé, lorsqu'une partie souffre, toute l'action de la vie se dirige vers elle pour détruire la cause de la souffrance ; de même lorsque deux hommes agissent l'un sur l'autre, l'action entière de cette réunion agit sur la partie malade avec une force proportionnelle à l'augmentation de la masse. On peut donc dire en général que l'action du magnétisme s'accroît en raison des masses. Il est possible de diriger l'action du magnétisme plus particulièrement sur telle ou telle partie ; il suffit pour cela d'établir une continuité plus exacte entre les parties que l'on doit toucher et l'individu qui touche. Nos bras peuvent être considérés comme des *conducteurs* propres à établir une continuité. Il suit donc de ce que nous avons dit sur la position la plus avantageuse de deux êtres agissant l'un sur l'autre, que pour entretenir l'harmonie du tout, on doit toucher la partie droite avec le bras gauche, et réciproquement. De cette nécessité, il résulte l'opposition des pôles dans le corps humain. Ces pôles, comme on le remarque dans l'aimant, font opposition l'un à l'égard de l'autre : ils peuvent être changés, communiqués, détruits [et] renforcés.

239. Pour concevoir l'opposition des pôles, il faut considérer l'homme comme partagé en deux par une ligne tirée de haut en bas. Tous les points de la partie gauche peuvent être considérés comme les pôles opposés à ceux des points correspondants de la partie droite. Mais l'émission des courants se faisant d'une manière plus sensible par les extrémités, nous ne considérons véritablement comme pôles que ces extrémités. La main gauche sera le pôle opposé de la main droite, et ainsi de suite. Considérant ensuite ces mêmes extrémités comme un tout, ou considérant (1) encore dans chacune d'elles des pôles opposés, dans la main le petit doigt sera le pôle opposé du pouce, le second [l'indicateur] doigt participera de la vertu du pouce, et le quatrième [l'annulaire participera]

(1) Brillouet dit : *on considérera encore.*

de celle du petit doigt, et celui du milieu, semblable au centre ou équateur de l'aimant, sera dénué d'une propriété spéciale. Les pôles du corps humain peuvent être communiqués à des corps animés et inanimés, les uns et les autres en sont plus [ou moins] susceptibles en raison de leur plus ou moins grande analogie avec l'homme, et de la ténuité de leurs parties. Il suffit de déterminer un pôle dans un corps quelconque, pour que le pôle opposé s'établisse immédiatement. On détruit cette détermination en touchant le même corps en sens renversé (1) de celui où on l'a d'abord touché, et l'on renforce le pôle déjà établi en touchant le pôle opposé avec l'autre main.

240. L'action du magnétisme animal peut être renforcée et propagée par des corps animés et inanimés. Comme cette action augmente en raison des masses, plus on ajoutera de corps magnétiques les uns au bout des autres, de manière que les pôles ne se contrarient pas, c'est-à-dire qu'ils se touchent par les pôles opposés, plus on renforcera l'action du magnétisme. Les corps les plus propres à propager et renforcer le magnétisme animal sont les corps animés ; les végétaux viennent ensuite, et dans les corps privés de la vie, le fer et le verre sont ceux qui agissent avec le plus d'intensité (2).

XIV. — OBSERVATIONS SUR LES MALADIES NERVEUSES ET SUR L'EXTENSION DES SENS ET DES PROPRIÉTÉS DU CORPS HUMAIN.

241. L'irritabilité exagérée des nerfs, produite par l'aberration de l'harmonie dans le corps humain, est ce

(1) Brillouet dit : *inverse.*

(2) Ici s'arrête le manuscrit de M. Brillouet sur les aphorismes de Mesmer. Le reste est de M. Caullet de Veaumorel.

qu'on appelle plus particulièrement *maladies nerveuses.*

242. Il y a autant de variétés dans ces maladies qu'on peut supposer de combinaisons entre tous les nombres possibles.

243. 1° L'irritabilité générale peut être augmentée ou diminuée par des nuances infinies.

244. 2° Différents organes peuvent être particulièrement affectés, et privativement à d'autres.

245. 3° On peut concevoir une immensité infinie de rapports résultant de divers degrés dont chacun de ces organes peut être affecté particulièrement.

246. Un observateur soigneux et attentif trouvera dans les phénomènes sans nombre que produisent les maladies nerveuses une source d'instructions ; c'est dans ces maladies qu'il peut aisément étudier les propriétés et les facultés du corps humain.

247. C'est encore dans ces maladies qu'il peut se persuader par les faits combien nous sommes dépendants de l'action de tous les êtres qui nous environnent, et comment aucun changement dans ces êtres ou dans leurs rapports entre eux ne peut jamais nous être absolument indifférent.

248. L'extension des propriétés et des facultés de nos organes, étant considérablement augmentée dans ces sortes de maladies, doit nous mettre à même de reculer le terme de nos connaissances, en nous donnant à connaître une multitude d'impressions dont sans cela nous n'aurions aucune idée.

249. Pour bien concevoir tout ce que je vais dire et pouvoir l'apprécier, il faut se rappeler le mécanisme des sensations suivant mes principes.

250. La faculté de sentir avec impression est dans l'homme le résultat de deux conditions principales, l'une externe, l'autre interne. La première est le degré d'intensité avec lequel un objet extérieur agit sur nos organes ; la seconde est le degré de susceptibilité avec lequel l'organe reçoit l'action d'un objet extérieur.

251. Si l'action d'un objet extérieur sur un de nos or-

ganes est comme deux, et que cet organe soit susceptible de ne transmettre l'idée d'une action que comme trois, alors il est clair que je ne dois avoir aucune connaissance des objets dont l'action est comme deux. Mais si, par un moyen quelconque, je parvenais à rendre mon organe susceptible d'apprécier les actions comme deux, ou bien que je fisse que les objets agissent naturellement comme trois, il est clair que dans ces deux cas l'action de ces objets me deviendrait également sensible, d'inconnue qu'elle était.

252. Jusqu'à présent l'intelligence humaine n'a encore songé à porter plus loin l'extérieur de nos sens qu'en augmentant la condition des sensations, c'est-à-dire en augmentant *l'internité* de l'action que ces objets exercent sur nous. C'est ce qu'on a fait pour la vue, par l'invention de lunettes, microscopes et des télescopes. Par ce moyen nous avons percé la nuit qui nous cachait un univers entier et d'infiniment petits et d'infiniment grands.

253. Combien la philosophie n'a-t-elle pas profité de cette ingénieuse découverte ! Que d'absurdités n'a-t-elle pas démontrées dans les anciens systèmes sur la nature des corps ! et que de vérités nouvelles n'a-t-elle pas fait apercevoir à l'œil attentif d'un observateur !

254. Qu'eussent produit les génies de Descartes, de Galilée, de Newton, Kepler, Buffon, sans l'extension de l'organe de la vue ? Peut-être de grandes choses : mais l'astronomie et l'histoire naturelle seraient encore au point où ils les ont trouvées.

255. Si l'extension d'un sens a pu produire une révolution considérable dans nos connaissances, quel champ plus vaste encore va s'ouvrir à notre observation, si, comme je le pense, l'extension des facultés de chaque sens, de chaque organe peut être portée aussi loin et même plus que les lunettes n'ont porté l'extension de la vue ; si cette extension peut nous mettre à portée d'apprécier une multitude d'impressions qui nous restaient inconnues, de comparer ces impressions, de les combiner, et

par là de parvenir à une connaissance intime et particulière des objets qui les produisent, de la forme de ces objets, de leurs propriétés, de leurs rapports entre eux, et des particules même qui les constituent.

256. Dans l'usage ordinaire, nous ne jugeons de rien que par le concours des impressions combinées de tous nos sens. On pourrait dire que nous sommes, par rapports aux objets que l'extension d'un sens nous a fait apercevoir, comme un individu privé de tous ses sens, excepté de la vue, serait à l'égard de tout ce qui nous environne. Certainement si un être aussi dénué pouvait exister, la sphère de ses connaissances serait très-rétrécie, et nous pouvons penser qu'il n'aurait pas la même idée que nous des objets les plus sensibles.

257. Supposez que l'on rende successivement à cet être imbécile chacun des sens qu'il n'avait pas, quelle foule de découvertes ne ferait-il pas à l'instant! Chaque impression qu'un même objet lui produirait sur un autre organe lui fournirait une nouvelle idée de cet objet. Il serait bien difficile de lui faire comprendre que ces idées diverses appartiennent au même objet. Il faudrait auparavant qu'il les combinât, qu'il en vérifiât les résultats par nombre d'expériences; dans l'enfance de ses facultés, cet homme serait peut-être plus d'un mois avant de pouvoir apprécier ce que c'est qu'une bouteille, un chandelier, etc., pour s'en faire la même idée que nous.

258. Toutes les impressions légères que produit sur nous l'action des corps qui nous environnent, sont par rapport à notre état habituel beaucoup moins connues de nous, que ne serait la bouteille à l'homme dont je viens de parler. Les propriétés de nos organes, dans l'harmonie nécessaire pour constituer l'homme, n'ont pour chacun d'eux qu'un certain degré d'extension, au delà duquel nous ne savons rien apprécier.

259. Mais lorsque par une *perdition* des facultés dans quelques parties, les propriétés d'un autre organe se trouvent portées à un certain point d'extension, nous

devenons alors susceptibles d'apprécier et de connaître des impressions qui nous étaient absolument inconnues. C'est ce qu'on remarque à tout moment en observant les individus attaqués de maladies nerveuses.

260. Quantité d'impressions dont ils ont alors la connaissance sont absolument neuves pour eux; d'abord ils sont étonnés, effrayés; mais bientôt, par l'habitude, ils se familiarisent avec elles, et parviennent quelquefois à s'en servir pour leur utilité du moment, comme nous nous servons des connaissances que l'expérience nous donne en état de santé. Ainsi c'est à tort que l'on taxe de fantaisies toutes les singularités que l'on remarque dans la manière de faire de ces individus; ce qui les meut, ce qui les détermine est une cause aussi réelle que les causes qui déterminent l'action de l'homme le plus raisonnable. Il n'existe de différence que dans la mobilité de ces êtres qui les rend insensibles à une foule d'impressions qui nous sont inconnues.

261. Ce qu'il y a de fâcheux pour la commodité de notre instruction, c'est que ces personnes sujettes aux crises perdent presque toujours la mémoire de leurs impressions en revenant dans l'état ordinaire; sans cela, si elles en conservaient l'idée parfaite, elles nous feraient elles-mêmes toutes les observations que je vous propose, avec plus de facilité que moi; mais ce que ces personnes ne peuvent nous retracer en l'état ordinaire, ne pouvons-nous pas nous en informer d'elles-mêmes quand elles sont en état de crise? Si ce sont de véritables sensations qui les déterminent, elles doivent, lorsqu'elles sont en état de les apprécier et de raisonner, en rendre un compte aussi exact que celui que nous pourrions rendre nous-mêmes de tous les objets qui nous affectent actuellement.

262. Je sais que ce que j'avance doit paraître exagéré, impossible, aux personnes que les circonstances n'ont pu mettre à portée de faire ces observations; mais je les prie de suspendre encore leur jugement. Ce n'est pas sur un seul fait que j'appuie mon opinion. La singula-

rité de ces faits m'a porté à ajouter preuve sur preuve pour m'assurer de leur réalité.

263. Je pense donc qu'il est possible, en étudiant les personnes nerveuses, sujettes aux crises, de se faire rendre par elles-mêmes un compte exact des sensations qu'elles éprouvent. Je dis plus, c'est qu'avec du soin et de la constance on peut, en exerçant en elles cette faculté d'expliquer ce qu'elles ressentent, perfectionner leur manière d'apprécier ces nouvelles sensations, et pour ainsi dire, faire leur éducation pour cet état. C'est avec ces sujets ainsi dressés qu'il est satisfaisant de travailler à s'instruire de tous les phénomènes qui résultent de l'irritabilité exagérée de nos sens. Au bout d'un certain temps, il arrive d'ailleurs que l'observateur attentif devient lui-même susceptible d'apprécier quelques-unes des sensations que ces individus éprouvent par la comparaison, souvent répétée, de ses propres impressions avec celles de la personne en crise. L'usage de cette propriété, qui est en nous, peut être considéré comme un art difficile à la vérité, mais qu'il est cependant possible d'acquérir, comme les autres, par l'étude et l'application.

264. J'en parlerai plus en détail dans un autre temps. Parlons des divers phénomènes que j'ai remarqués dans les personnes en crise; tout autre pourra les vérifier lorsqu'il se trouvera dans des circonstances semblables à celles où je me suis trouvé placé.

265. Dans les maladies nerveuses, lorsque, dans un état de crise, l'irritabilité se porte en plus grande quantité sur la rétine, l'œil devient susceptible d'apercevoir les objets microscopiques. Tout ce que l'art de l'opticien a pu imaginer ne peut approcher de ce degré de perception. Les ténèbres les plus obscures conservent encore assez de lumières pour qu'il puisse, en rassemblant une quantité suffisante de rayons, distinguer les formes des différents corps et déterminer leurs rapports. Ils peuvent même distinguer des objets à travers des corps qui nous paraissent opaques, ce qui prouve

que l'opacité dans les corps n'est pas une qualité particulière, mais une circonstance relative au degré d'irritabilité de nos organes.

266. Une malade que j'ai traitée, et plusieurs autres que j'ai observées avec soin, m'ont fourni nombre d'expériences à cet égard.

267. L'une d'elles apercevait les pores de la peau d'une grandeur considérable ; elle en expliquait la structure conformément à ce que le microscope nous en fait connaître. Mais elle allait plus loin. Cette peau lui paraissait un crible; elle distinguait à travers la texture des muscles sur les endroits charnus et la jonction des os dans les endroits dépourvus de chair; elle expliquait tout cela d'une manière fort ingénieuse, et quelquefois elle s'impatientait de la stérilité et de l'insuffisance de nos expressions pour rendre ses idées. Un corps opaque très-mince ne l'empêchait pas de distinguer les objets ; il ne faisait que diminuer sensiblement l'impression qu'elle en recevait, comme ferait un verre sale pour nous.

268. C'est aussi pourquoi elle y voyait encore mieux que moi, ayant les paupières baissées, et maintes fois dans cet état, pour vérifier la réalité de ce qu'elle me disait, je lui ai fait porter la main sur tel ou tel objet sans qu'elle se soit jamais trompée.

269. C'est cette même personne qui, dans l'obscurité, apercevait tous les pôles du corps humain éclairés d'une vapeur lumineuse; ce n'était pas du feu, mais l'impression que cela faisait sur ses organes lui donnait une idée approchante, qu'elle ne pouvait exprimer que par le mot *lumière*.

270. J'observais simplement qu'il ne faut considérer tout ce qu'elle disait des variétés qu'elle observait, que comme l'impression particulière que ces pôles faisaient sur l'organe de la vue, et non comme l'idée finie qu'on doit en prendre.

271. C'est dans cet état qu'il est infiniment curieux de vérifier tous les principes que j'ai donnés dans ma théorie des pôles du corps.

272. Si je n'eusse rien su, et que le hasard m'eût fait tenter cette expérience, cette dame me l'aurait enseignée.

273. De ma tête elle apercevait les yeux et le nez. Les rayons lumineux qui partent des yeux vont se réunir ordinairement à ceux du nez pour les renforcer, et de là le tout se dirige vers la pointe la plus proche qu'on lui oppose. Cependant, si je veux considérer mes objets de côté, sans tourner la tête, alors les deux rayons des yeux quittent le bout de mon nez pour se porter dans la direction que je leur commande.

274. Chaque pointe des cils, des sourcils et des cheveux donne une faible lumière; le cou paraît un peu lumineux, la poitrine un peu éclairée; si je lui présente mes mains, le pouce se fait aussitôt remarquer par une lumière vive, le petit doigt l'est moitié moins, le second et le quatrième ne paraissent qu'éclairés d'une lumière empruntée; le doigt du milieu est obscur, la paume de la main est aussi lumineuse.

Passons à d'autres observations.

275. Si l'irritabilité exagérée se porte sur d'autres organes, ils deviennent, de même que la vue, susceptibles d'apprécier les impressions les plus légères, analogues à leur constitution, lesquelles leur étaient totalement inconnues auparavant.

276. Voilà le vaste champ d'observations qui nous est ouvert; mais il est bien difficile à défricher. Ici l'art nous abandonne; il ne nous fournit aucuns moyens de vérifier par la comparaison ce que nous apprennent des personnes en crise.

277. Nous n'avons que de très-mauvais microscopes d'oreille; nous n'en avons d'aucune espèce pour l'odorat ni pour le tact, et plus encore, nous n'avons aucune habitude pour apprécier les résultats provenant de la comparaison de tous ces sens perfectionnés, résultats qui doivent être variés à l'infini.

278. Mais si l'art nous abandonne, la nature nous reste, elle nous suffit. L'enfant qui vient au monde

avec tous ses organes en ignore es ressources; en développant successivement ses facultés, la nature lui en montre l'usage; cette éducation se fait sans système; elle est soumise aux circonstances. L'instruction que je propose doit se faire de même; c'est en renonçant à toute espèce de routine qu'il faut s'abandonner à l'observation simple que les circonstances fournissent. D'abord vous n'apercevrez qu'un étang immense, vous ne distinguerez rien; mais, petit à petit, le jour se lèvera pour vous, et la sphère de vos connaissances s'augmentera en même temps que la perception des objets.

279. Souvent les personnes en crise sont tourmentées par un bruit qui les étourdit, qu'elles caractérisent tel qu'il est réellement, sans qu'en approchant de beaucoup plus près qu'elles de la cause qui produit ce bruit, vous puissiez en avoir la conscience.

280. J'ai beaucoup observé une personne, affectée de maladies nerveuses, qui ne pouvait pas entendre le son du cor sans tomber dans les crises les plus fortes. Souven je l'ai vue se plaindre de ce qu'elle en entendait un, et finir par tomber dans des convulsions très-fortes, en disant qu'il approchait, et ce n'était quelquefois qu'au bout d'un quart d'heure que je pouvais le distinguer.

281. On observera les mêmes phénomènes pour le goût. Sur vingt mets qu'on se sera appliqué à faire d'une fadeur extrême, une personne en crise, dont l'irritabilité sera considérablement augmentée sur la langue et le palais, apercevra dans ces mets une variété de saveur et de goût.

282. Je connais une personne très-spirituelle dont les nerfs sont très-irritables, qui ayant uniquement sur la langue cette irritation et conservant sa tête, m'a dit plusieurs fois :

« En mangeant cette petite croûte de pain, grosse comme la tête d'une épingle, il me semble que je tiens une bouchée considérable, et d'une saveur exquise ; mais ce qu'il y a de bien singulier, non-seulement je sens la saveur d'un bon morceau de pain, mais je sens séparément le goût de toutes les particules qui le composent, l'eau, la farine, tout enfin, me produit une multitude de sensations que je ne puis exprimer, et qui me donnent des idées qui se succèdent avec une rapidité extrême, mais qui ne sont appréciables par des mots. »

283. L'odorat est peut-être encore plus susceptible d'une grande extension de faculté que le goût. J'ai vu sentir les odeurs les plus légères à des distances très-éloignées et même à travers des portes de cloisons. D'autres fois, des personnes dont l'odorat est sensible distinguent toutes les diverses odeurs primitives que le parfumeur avait employées à composer un parfum.

284. Mais de tous les sens, celui qui nous présente le plus de phénomènes à observer, c'est celui dont on a eu jusqu'à présent le moins de connaissances, le tact.

XV. — PROCÉDÉS DU MAGNÉTISME ANIMAL.

285. On a vu par la doctrine que tout se touche dans l'univers, au moyen d'un fluide universel dans lequel tous les corps sont plongés.

286. Il se fait une circulation continuelle qui établit la nécessité des courants rentrants et sortants.

287. Pour les établir et les fortifier sur l'homme, il est plusieurs moyens. Le plus sûr est de se mettre en opposition avec la personne que l'on veut toucher, c'est-à-dire en face, de manière que l'on présente le côté droit au côté gauche du malade. Pour se mettre en harmonie avec lui, il faut d'abord mettre les mains sur les épaules, suivre tout le long des bras jusqu'à l'extrémité des doigts, en tenant le pouce du malade pendant un moment ; recommencer deux ou trois fois, après quoi vous établissez des courants depuis la tête jusqu'aux pieds ; vous cherchez encore la cause et le lieu de la maladie et de la

douleur ; le malade vous indique celui de la douleur et souvent sa cause ; mais plus ordinairement c'est par le toucher et le raisonnement que vous vous assurez du siége et de la cause de la maladie et de la douleur, qui, dans la plus grande partie des maladies, réside dans le côté opposé à la douleur, surtout dans les paralysies, rhumatismes et autres de cette espèce.

288. Vous étant bien assuré de ce préliminaire, vous touchez constamment la cause de la maladie, vous entretenez les douleurs symptomatiques jusqu'à ce que vous les ayez rendues critiques ; par là vous secondez l'effort de la nature contre la cause de la maladie et vous l'amenez à une crise salutaire, seul moyen de guérir radicalement. Vous calmez les douleurs que l'on appelle symptômes symptomatiques, et qui cèdent au toucher sans que cela agisse sur la cause de la maladie, ce qui distingue cette sorte de douleur de celles que nous nommons simplement symptomatiques et qui s'irritent d'abord par le toucher, pour se terminer par une crise après laquelle le malade se trouve soulagé, et la cause de la maladie diminuée.

289. Le siége de presque toutes les maladies est ordinairement dans les viscères du bas-ventre ; l'estomac, la rate, le foie, l'épiploon, le mésentère, les reins, etc., et chez les femmes dans la matrice et ses dépendances. La cause de toutes ces maladies ou l'aberration est un engorgement, une obstruction, une gêne ou suppression de circulation dans une partie, qui, comprimant les vaisseaux sanguins ou lymphatiques, et surtout les rameaux de nerfs plus ou moins considérables, occasionnent un spasme ou une tension dans les parties où ils aboutissent, et surtout dans celles dont les fibres ont moins d'élasticité naturelle, comme dans le cerveau, le poumon, etc., ou dans celles où circule un fluide avec lenteur et épaississement, comme la synovie, destinée à faciliter le mouvement des articulations. Si ces engorgements compriment un tronc de nerfs ou un rameau considérable, le mouvement et la sensibilité des parties auxquelles il cor-

respond est entièremeut supprimé, comme dans l'apoplexie,la paralysie, etc., etc.

290. Outre cette raison de toucher d'abord les viscères pour découvrir la cause de la maladie, il en est une autre plus déterminante : les nerfs sont les meilleurs conducteurs du magnétisme qui existent dans le corps, ils sont en si grand nombre dans ces parties, que plusieurs physiciens y ont placé le siége des sensations de l'âme ; les plus abondants et les plus sensibles sont : le centre nerveux du diaphragme, les plexus stomachique, ombilical, etc. Cet amas d'une infinité de nerfs corres, pond avec toutes les parties du corps.

291. On touche, dans la position ci-devant indiquée, avec le pouce et l'indicateur, ou avec la paume de la main, ou avec un doigt seulement renforcé par l'autre, en décrivant une ligne sur la partie que l'on veut toucher, et en suivant, le plus qu'il est possible, la direction des nerfs, ou enfin avec les cinq doigts ouverts et recourbés. Le toucher à une petite distance de la partie est plus fort, parce qu'il existe un courant entre la main ou le conducteur et le malade.

292. On touche médiatement avec avantage, en se servant d'un conducteur étranger. On se sert le plus communément d'une petite baguette, longue de dix à quinze pouces, de forme conique et terminée par une pointe tronquée ; la base est de trois, cinq ou six lignes, et la pointe d'une à deux. Après le verre, qui est le meilleur conducteur, on emploie le fer, l'acier, l'or, l'argent, etc., en préférant le corps le plus dense, parce que les filières, étant plus rétrécies et plus multipliées, donnent une action proportionnée à la moindre largeur des interstices. Si la baguette est aimantée, elle a plus d'action ; mais il faut observer qu'il est des circonstances, comme dans l'inflammation des yeux, le trop grand éréthisme, etc., où elle peut nuire ; il est donc prudent d'en avoir deux. L'on magnétise avec une canne ou tel autre conducteur, en faisant attention que si c'est avec un corps étranger, le pôle est changé et qu'il faut toucher

différemment, c'est-à-dire de droite à droite et de gauche à gauche.

293. Il est bon aussi d'opposer un pôle à l'autre, c'est-à-dire que si on touche la tête, la poitrine, le ventre, etc., avec la main droite, il faut opposer la gauche dans la partie postérieure, surtout dans la ligne qui partage le corps en deux parties, c'est-à-dire depuis le milieu du front jusqu'au pubis, parce que le corps représentant un aimant, si vous avez établi le nord à droite, la gauche devient sud, et le milieu équateur, qui est sans action prédominante ; vous y établissez des pôles en opposant une main à l'autre.

294. On renforce l'action du magnétisme en multipliant les courants sur le malade. Il y a beaucoup plus d'avantages à toucher en face que de toute autre manière, parce que les courants émanant de nos viscères et de toute l'étendue des corps établissent une circulation avec le malade ; la même raison prouve l'utilité des arbres, des cordes, des fers et des chaînes, etc.

295. Un bassin se magnétise de la même manière qu'un bain, en plongeant la canne ou tel autre conducteur dans l'eau, pour y établir un courant, en l'agitant en ligne droite ; la personne qui sera placée vis-à-vis en ressentira l'effet. Si le bassin est grand, on établira quatre points, qui seront les quatre points cardinaux ; l'on tracera une ligne dans l'eau, en suivant le bord du bassin de l'est au nord, et de l'ouest au même point ; on répétera la même chose pour le sud ; plusieurs personnes pourront être placées autour de ce bassin et y éprouver des effets magnétiques ; si elles sont en grand nombre, on tracera plusieurs rayons aboutissant à chacune d'elles, après avoir agité la masse d'eau autant qu'il sera possible.

296. Un baquet est une espèce de cuve ronde, carrée ou ovale, d'un diamètre proportionné au nombre des malades que l'on veut traiter. Des douves épaisses, assemblées, peintes et jointes de manière à pouvoir contenir de l'eau, profondes d'environ un pied, la partie

supérieure plus large que le fond d'un ou deux pouces, recouvertes d'un couvercle en deux pièces, dont l'assemblage est enchâssé dans la cuve, et le bord appuyé immédiatement sur celui de la cuve auquel il est assujetti par de gros clous à vis; dans l'intérieur vous rangez des bouteilles en rayons convergents de la circonférence au centre; vous en placez d'autres couchées dans tout le tour, le cul appuyé contre la cuve, une seule de hauteur, en laissant entre elles l'espace nécessaire à recevoir le goulot d'une autre; cette première disposition faite, vous posez dans le milieu du vase une bouteille droite ou couchée d'où partent tous les rayons, que vous formez d'abord avec des demi-bouteilles, ensuite avec des grandes, quand la divergence le permet; le cul de la première est au centre, son col entre dans le cul de la suivante, de manière que le goulot de la dernière aboutit à la circonférence. Ces bouteilles doivent être remplies d'eau, bouchées et magnétisées de la même manière; il serait à désirer que ce fût par la même personne. Pour donner plus d'activité au baquet, on met un second et un troisième lit de bouteilles sur le premier; mais communément on en fait un second qui, partant du centre, recouvre le tiers, la moitié ou les trois quarts du premier. On remplit ensuite la cuve d'eau à une certaine hauteur, mais toujours assez pour couvrir toutes les bouteilles; l'on peut y ajouter de la limaille de fer, du verre pilé et autres corps semblables, sur lesquels j'ai différents sentiments.

297. On fait aussi des baquets sans eau, en remplissant l'intervalle des bouteilles avec du verre, de la limaille, du mâchefer et du sable. Avant de mettre l'eau ou les autres corps, on marque sur le couvercle les endroits où doivent être faits les trous destinés à recevoir les fers qui doivent aboutir entre les culs des premières bouteilles, à quatre ou cinq pouces de la paroi du baquet. Les fers sont des espèces de tringles faites d'un fer assoupli, qui entrent en droite ligne presque jusqu'au fond du baquet, et sont repliées à leur sortie, de façon

qu'elles puissent aboutir en une pointe obtuse à la partie que l'on veut toucher, comme le front, l'oreille, l'œil, l'estomac, etc., etc.

298. De l'intérieur ou de l'extérieur du baquet part, attachée à un fer, une corde très-ample, que les malades appliquent sur la partie dont ils souffrent; ils forment des chaînes en tenant cette corde, et appuyant le pouce gauche sur le droit, ou le droit sur le gauche de son voisin, de manière que l'intérieur d'un pouce touche l'autre. Ils s'approchent le plus qu'ils peuvent, pour se toucher par les cuisses, les genoux, les pieds, et ne forment, pour ainsi dire, qu'un corps contigu dans lequel le fluide magnétique circule continuellement, et est renforcé par tous les différents points de contact, auxquels ajoute encore la position des malades, qui sont en face les uns des autres. On a aussi des fers assez longs pour aboutir à ceux du second rang par l'intervalle de ceux du premier.

299. On fait de petits baquets particuliers, nommés boîtes magiques ou magnétiques, à l'usage des malades qui ne peuvent point aller au traitement, ou qui, par la nature de leur maladie, ont besoin d'un traitement continuel. Ces boîtes sont plus ou moins composées; les plus simples ne contiennent qu'une bouteille couchée et remplie d'eau ou de verre pilé, renfermée dans une boîte d'où part ou une verge ou une corde. Une simple bouteille isolée, et que l'on applique sur la partie, vaut encore mieux. On peut en placer plusieurs sous un lit, droites et contenant des fers luttés dans le goulot, qui produiront un effet très-sensible. Les boîtes les plus ordinaires sont des coffrets en carré long, hauts et longs en proportion de ce qu'ils doivent contenir. La hauteur ne doit pas excéder ordinairement celle des couchettes, qui est de dix à douze pouces. On y place quatre ou un plus grand nombre de bouteilles à volonté, préparées et rangées comme celles du baquet. Si la boîte est destinée à être mise sous un lit, on prend des demi-bouteilles, remplies une moitié d'eau, et l'autre de verre. Celles

remplies d'eau sont bouchées, celles qui le sont de verre sont armées d'un petit conducteur en fer, partant de la bouteille, dans le col de laquelle il est scellé et excède d'un pouce le couvercle de la boîte qu'il traverse ; l'intervalle des bouteilles se remplit de verre pilé ou sec ou humecté ; une corde entortillée autour du goulot de chaque bouteille les fait communiquer ensemble et sort de la boite par un trou fait aux parois. Le couvercle est à coulisse, et fixé par une vis. On place cette boîte sous le lit, et les cordes qui en sortent de droite et de gauche sont amenées sur le lit ou entre les draps, ou sur les couvertures, jusqu'au malade.

300. Les boîtes qui doivent servir dans le jour se font avec des bouteilles remplies d'eau ou de verre, préparées et couchées comme dans les grands baquets ; l'on y peut mettre une corde et des fers et en faire un baquet de famille.

301. Plus la matière qui remplit ces bouteilles est dense, plus elle est active. Si l'on pouvait les remplir avec du mercure, elles jouiraient de beaucoup plus d'action.

302. Il est plusieurs moyens d'augmenter le nombre et l'activité des courants. Si vous voulez toucher un malade avec force, réunissez dans son appartement le plus de personnes possible, établissez une chaîne qui parte du malade et aboutisse au magnétisant ; une personne adossée à lui ou la main sur son épaule augmente son action. Il est une infinité d'autres moyens impossibles à détailler, comme le son, la musique, la vue, les glaces, etc.

303. Le courant magnétique conserve encore quelque temps son effet après être sorti du corps, à peu près comme le son d'une flûte qui diminue en s'éloignant. Le magnétisme, à une certaine distance, produit plus d'effet que lorsqu'il est appliqué immédiatement.

304. Après l'homme, les animaux, ce sont les végétaux et surtout les arbres qui sont le plus susceptibles du magnétisme animal. Pour magnétiser un arbre sous

lequel vous voulez établir un traitement, vous en choisissez un jeune, vigoureux, branchu, sans nœuds autant qu'il est possible, et à fibres droites. Quoique toute espèce d'arbuste puisse servir, les plus denses, comme le chêne, l'orme, le charme, sont à préférer. Votre choix fait, vous vous mettez à une certaine distance du côté du sud, vous établissez un côté droit et un côté gauche qui forment les deux pôles, et la ligne de démarcation du milieu, l'équateur. Avec le doigt, le fer ou une canne, vous suivez depuis les feuilles les ramifications et les branches; après avoir amené plusieurs de ces lignes à une branche principale, vous conduisez les courants au tronc jusqu'aux racines. Vous recommencez jusqu'à ce que vous ayez magnétisé tout le côté; ensuite vous magnétisez l'autre de la même manière et avec la même main, parce que les rayons sortant du conducteur en divergence se convergent à une certaine distance, et ne sont pas sujets à la répulsion; le nord se magnétise par les mêmes procédés. Cette opération faite, vous vous rapprochez de l'arbre, et après avoir magnétisé les racines, s'il en existe de visibles, vous l'embrassez et lui présentez tous vos pôles successivement. L'arbre jouit alors de toutes les vertus du magnétisme. Les personnes saines, en restant quelque temps auprès ou en le touchant, pourront en ressentir l'effet, et les malades, ceux surtout déjà magnétisés, le ressentiront violemment et éprouveront des crises. Pour y établir un traitement, vous attachez des cordes à une certaine hauteur, au tronc et aux principales branches, plus ou moins nombreuses et plus ou moins longues à proportion des personnes qui doivent s'y rassembler et qui, la face tournée à l'arbre et placées circulairement, soit sur des siéges, soit sur de la paille, les mettront autour des parties souffrantes comme au baquet, y feront des chaînes le plus fréquemment possible, et y éprouveront des crises comme au baquet, mais bien plus douces; l'effet curatif en est bien plus prompt et plus actif en proportion du nombre des malades, qui en augmente l'énergie en mul-

12

tipliant les courants, les forces et les contacts. Le vent agitant les branches de l'arbre ajoute à son action. Il en est de même d'un ruisseau ou d'une cascade, si l'on est assez heureux pour en rencontrer dans l'endroit que l'on aura choisi. Si plusieurs arbres s'avoisinent, on les magnétisera et on les fera communiquer par des cordes qui iront de l'un à l'autre. Les malades trouveront aux arbres une odeur qu'ils ne peuvent définir, qui leur est très-désagréable, qu'ils conservent quelque temps après les avoir quittés, et qu'ils ressentent en y revenant. On ne peut pas assurer combien de temps un arbre conserve le magnétisme. On croit que cela peut aller jusqu'à plusieurs mois ; le plus sûr est de le renouveler de temps en temps.

305. Pour magnétiser une bouteille, vous la prenez par les deux extrémités, que vous frottez avec les doigts, en ramenant le mouvement au bord. Vous écartez la main successivement de ces deux extrémités en comprimant pour ainsi dire le fluide ; vous prenez un verre ou un vase quelconque de la même manière, et vous magnétisez ainsi le fluide qu'il contient, en observant de le présenter à celui qui doit le boire en le tenant entre le pouce et le petit doigt, et faisant boire dans cette direction ; le malade y trouve un goût qui n'existerait pas s'il buvait dans le sens opposé.

306. Une fleur, un corps quelconque, est magnétisé par l'attouchement fait avec principes et intention.

307. En frottant les deux extrémités d'une baignoire avec les doigts, la baguette ou la canne, les descendant jusqu'à l'eau dans laquelle on décrit une ligne dans la même direction et répétant plusieurs fois, on magnétise un bain. On peut encore agiter l'eau en différents sens, en insistant toujours sur la ligne décrite, dont le grand courant réunit les petits qui l'avoisinent et en est renforcé ; si le malade étant dans le bain trouve l'eau trop froide, on y plonge une canne, on y dirige un courant par le frottement ; cette action fait éprouver au malade une sensation de chaleur qu'il attribue à celle de l'eau.

Dans les endroits où il y a un baquet ou des arbres, on amène une corde qui supplée à toutes les autres préparations ; si on ne peut magnétiser par soi-même, je pense que plusieurs bouteilles remplies d'eau magnétisée, et mises dans le bain suivant la direction du corps, pourront produire le même effet. Un peu de sel marin jeté dans le bain en augmente la *tonicité.*

308. Dans le centre du baquet, on pourrait placer un vase de verre cylindrique ou d'une autre forme, qui présenterait une ouverture dans le dessus propre à recevoir un conducteur qui viendrait ou du dehors de l'appartement ou de l'intérieur ; une tringle en fer, longue à proportion, de la hauteur du plancher, dont l'extrémité inférieure se terminerait en entonnoir ou en *digitation*, aboutirait par un trou fait à l'ouverture du baquet, où elle serait scellée à celle du vase de verre, dont le pourtour serait percé de plusieurs trous latéraux qui communiqueraient avec les rayons des bouteilles ; le conducteur pourrait aussi être de verre.

XVI. — NOTIONS GÉNÉRALES SUR LE TRAITEMENT MAGNÉTIQUE.

309. Il n'y a qu'une maladie et qu'un remède. La parfaite harmonie de tous nos organes et de leurs fonctions constitue la santé. La maladie n'est que l'aberration de cette harmonie. La curation consiste donc à rétablir l'harmonie troublée. Le remède général est l'application du magnétisme par les moyens désignés. Le mouvement est augmenté ou diminué dans le corps, il faut donc le tempérer ou l'exciter. C'est sur les solides que porte l'effet du magnétisme ; l'action des viscères étant le moyen dont se sert la nature pour préparer, triturer, assimiler les humeurs, ce sont les fonctions de ces organes qu'il faut rectifier. Sans proscrire entièrement les remèdes, soit internes, soit externes, il faut les employer

avec beaucoup de ménagement, parce qu'ils sont contraires ou inutiles ; contraires, en ce que la plus grande partie ont beaucoup d'âcreté, et qu'ils augmentent l'irritation, le spasme et d'autres effets contraires à l'harmonie qu'il faut rétablir et entretenir, tels que les purgatifs violents, les diurétiques chauds, les apéritifs, les vésicatoires et tous les épispastiques ; inutiles, parce que les remèdes reçus dans l'estomac et les premières voies y éprouvent la même élaboration que les aliments, dont les parties analogues à nos humeurs y sont assimilées par la chylification, et les hétérogènes sont expulsées par les excrétions.

310. Le fluide magnétique n'agissant pas sur les corps étrangers ni sur ceux qui sont hors du système vasculeux, quand l'estomac contient de la saburre, de la putridité, de la bile surabondante ou viciée, on a recours à l'émétique ou aux purgatifs.

311. Si l'acide domine, on donne des absorbants, tels que la magnésie (1) ; si c'est de l'alcali, on prescrit les acides, comme la crème de tartre (2). Si on veut les administrer comme purgatifs, il faut les donner à la dose d'une ou deux onces. A une moindre dose, ils ne sont qu'altérants et propres à neutraliser les acides ou les alcalis, et à en procurer l'évacuation par une voie quelconque. Comme l'alcali domine plus souvent que

(1) Il est essentiel qu'elle soit calcinée pour en obtenir les effets qu'on désire, attendu que l'air qu'elle contient, lorsqu'on n'a pas eu la précaution de la préparer ainsi, occasionne des gonflements d'estomac qui proviennent de l'air qui s'en dégage, par la combinaison qu'elle subit dans l'estomac avec les liqueurs acides qu'elle y rencontre.

(2) Cette substance agit infiniment mieux, ainsi que je m'en suis assuré, quand elle est préparée pour être tenue en dissolution, à la dose d'une once dans quatre onces d'eau. On en fait alors une limonade tartareuse dont le goût est agréable et qui ne répugne pas à avaler comme lorsqu'elle est en poudre et qu'il faut la mâcher, surtout quand on en veut prendre une dose assez forte pour être purgé.

l'acide, on prescrit ordinairement le régime acide, la salade, la groseille, la cerise, la limonade, les sirops acides, l'oxycrat léger, etc., etc.

312. La diminution du mouvement et des forces étant la cause de la plus grande partie des maladies, non-seulement on n'ordonne point de diète, mais on engage les malades à prendre de la nourriture. Après le régime dont on vient de parler, les aliments que les malades désirent sont ceux qu'on leur permet; il est rare que la nature les trompe.

313. Le vin violent, les liqueurs, le café, les aliments très-chauds par eux-mêmes ou par leurs ingrédients sont défendus, ainsi que le tabac, dont l'impression irritante est propagée par la membrane pituitaire dans la gorge, la poitrine, la tête, et occasionne des crispations contraires à l'harmonie. La boisson ordinaire sera de bon vin étendu de beaucoup d'eau, de l'eau pure ou acidulée; les lavements et les bains sont souvent utiles; on use des saignées dans l'inflammation ou disposition inflammatoire, ou dans la pléthore vraie ou fausse.

314. N'étant point dans l'intention de donner une histoire générale des maladies et de leur traitement, on citera seulement celles qui se présentent le plus souvent à traiter par le magnétisme et la façon de l'appliquer, d'après les observations faites surtout au traitement de M. le marquis de Tissard, à Beaubourg.

315. Dans l'épilepsie, on touche la tête, soit sur le sommet, soit sur la racine du nez, d'une main, et la nuque de l'autre. On cherche dans les viscères la cause première, qui s'y rencontre assez ordinairement; par le double attouchement, on résout les obstructions dans ces viscères et l'engorgement qui se trouve dans le cerveau des épileptiques dont on a fait l'ouverture, et l'on met en jeu presque tout le système nerveux. La catalepsie se traite de même.

316. Dans l'apoplexie, le toucher se porte sur les principaux organes, comme la poitrine, l'estomac, surtout à l'endroit que l'on nomme le creux, au-dessous du car-

tilage *xiphoïde*, lieu où se trouve le centre nerveux du diaphragme, qui réunit une infinité de nerfs. On touche aussi par opposition l'épine du dos, en suivant le grand intercostal, situé à un pouce ou deux de l'épine, depuis le col jusqu'au bas du tronc. Il faut insister jusqu'à ce qu'on obtienne une crise et réunir tous les moyens d'augmenter l'intensité du magnétisme, soit par le fer, soit par la chaîne que vous formez avec le plus de personnes que vous pouvez rassembler. Le malade rendu aux impressions ordinaires, et la crise obtenue, l'état des premières voies et la cause de la maladie vous indiqueront ce qu'il conviendra de faire, et si les évacuants doivent être employés.

317. Dans les maladies des oreilles, le malade met la corde autour de la tête, un fer du baquet dans l'oreille, avec la baguette dans la bouche pour la surdité, comme chez les paralytiques où la parole est empêchée et chez les muets, et l'attouchement se fait en mettant l'extrémité des pouces dans l'oreille, en écartant les autres doigts et les présentant au courant du fluide magnétique, ou en ramassant à une certaine distance les courants, et les ramenant avec la paume de la main contre la tête, où on laisse la main appliquée pendant quelque temps.

318. Les maladies des yeux se traitent aussi avec le fer ou le bout des doigts, qu'on présente sur la partie et qu'on promène sur le globe et les paupières, et la baguette, surtout dans les taies. Il faut toucher très-légèrement dans le cas d'inflammation.

319. On touche médiatement la teigne en bassinant, soir et matin, avec l'eau magnétisée, la corde à la tête.

320. Les tumeurs de toute espèce, les engorgements lymphatiques et sanguins, les plaies, les ulcères mêmes éprouvent d'excellents effets. Les lotions avec l'eau magnétisée, les bains locaux avec cette eau froide ou tiède, le traitement ordinaire, font un effet étonnant. Les malades souffrant des douleurs vives dans les parties ulcérées ou blessées les calment subitement en les entourant avec la corde.

321. Par ces petits détails, il est évident que le magnétisme est utile dans les maladies cutanées et internes.

322. Les maux de tête se touchent sur le front, le sommet, les pariétaux, les sinus frontaux et les sourcillés, sur l'estomac et les autres viscères qui peuvent en recéler la cause.

323. Les maux de dents, sur les articulations des mâchoires et les trous mentonniers.

324. La lèpre se traite comme la teigne, en mettant la corde aux endroits affectés.

325. Dans la difficulté de parler, ou la négation totale occasionnée surtout par la paralysie, on magnétise la bouche avec le fer et l'extérieur des moteurs de cet organe par le toucher.

326. On en use de même dans les maux de gorge, principalement dans les lymphatiques ; on magnétise aussi la membrane pituitaire, de même que pour l'enchiffrènement et les affections des parties où elle se répand jusqu'à la poitrine.

327. Dans la migraine, on touche l'estomac et le temporal où se fait ressentir la douleur.

328. L'asthme, l'oppression et les autres affections de la poitrine se touchent sur la partie même, en passant lentement une main sur le devant de la poitrine, et l'autre le long de l'épine, les laissant un certain temps sur la partie supérieure, et descendant avec lenteur jusqu'à l'estomac, où il faut insister aussi, surtout dans l'asthme humide.

329. L'incube se traite de même, en recommandant de ne pas se coucher sur le dos jusqu'à la guérison.

330. Les douleurs, les engorgements, les obstructions de l'estomac, du foie, de la rate et des autres viscères se touchent localement et demandent plus ou moins de constance et de temps, à proportion du volume, de l'ancienneté et de la dureté des tumeurs.

331. Dans les coliques, le vomissement, l'éréthisme et les douleurs des intestins et de toutes les parties du bas ventre, on touche le mal avec beaucoup de légèreté, s'il

existe inflammation ou disposition inflammatoire, circonstances dans lesquelles il faut éviter les frottements et le toucher en tous sens.

332. Dans les maladies de la matrice, on touche non-seulement ce viscère, mais ses dépendances, les ovaires et ligaments larges qui sont situés dans la partie latérale et postérieure, et les ronds dans l'aine. D'après des observations, la paume de la main, appliquée sur la vulve, hâte le flux mensuel et remédie aux pertes; cela doit être aussi utile dans le relâchement et les chutes de la matrice et du vagin.

XVII. — DES CRISES.

333. Une maladie ne peut pas être guérie sans crise; la crise est un effort de la nature contre la maladie tendant, par une augmentation de mouvement, de ton et d'intension d'action du fluide magnétique, à dissiper les obstacles qui se rencontrent dans la circulation, à dissoudre et évacuer les molécules qui les formaient et à rétablir l'harmonie et l'équilibre dans toutes les parties du corps.

334. Les crises sont plus ou moins évidentes, plus ou moins salutaires, naturelles ou occasionnées.

335. Les crises naturelles ne doivent être imputées qu'à la nature, qui agit efficacement sur la cause de la maladie et s'en débarrasse par différentes excrétions, comme dans les fièvres où la nature triomphe seule de ce qui lui nuisait et l'expulse par le vomissement spontané, les sueurs, les urines, le flux hémorroïdal, etc.

336. Les moins évidentes sont celles dans lesquelles la nature agit sourdement, sans violence, en brisant lentement les obstacles qui gênaient la circulation et les chasse par l'insensible transpiration.

337. Qand la nature est insuffisante à l'établissement

des crises, on l'aide par le magnétisme, qui, étant mis en action par les moyens indiqués, opère conjointement avec elle la révolution désirée. Elle est salutaire, lorsqu'après l'avoir éprouvée, le malade ressent un bien et un soulagement sensibles, et principalement quand elle est suivie d'évacuations avantageuses.

338. Le baquet, le fer, la corde et la chaîne donnent des crises; si elles sont jugées trop faibles pour agir victorieusement sur la maladie, on les augmente en touchant le siége de la douleur et de la cause. Lorsqu'on la juge parvenue à son état, ce qui s'annonce par le calme, on la laisse se terminer d'elle-même, ou quand on la croit suffisante, on retire le malade de l'état de sommeil et de stupeur dans lequel il est resté.

339. Il est rare qu'une crise naturelle ne soit pas salutaire.

340. Les unes et les autres jettent souvent le malade dans un état de catalepsie qui ne doit pas effrayer et qui se termine avec la crise.

341. Dans un état d'éréthisme, d'irritabilité et de trop grande susceptibilité, il est dangereux de provoquer et de maintenir de trop fortes crises, parce qu'on augmente le trouble que ces dispositions annoncent dans l'économie animale; on donne de l'intension où il faut apporter de la rémission, on accroît la tendance à l'inflammation, on suspend, on supprime les évacuations qui doivent opérer la curation, et on s'oppose diamétralement aux vues et aux efforts de la nature.

342. Quand on excite des crises violentes dans un sujet qui y est disposé, on entretient dans les organes un état d'élasticité forcée qui diminue dans la fibre la faculté de réagir sur elle-même, sur les humeurs qu'elle contient, d'où s'ensuit une sorte d'inertie qui entretient l'état contre nature que l'on occasionne; cet état habituel s'oppose à tous les efforts de la nature contre la cause de la maladie, augmente l'aberration et forme dans les organes le pli, comparé si ingénieusement à celui d'une étoffe, qui s'efface très-difficilement.

343. On voit d'un côté l'avantage et la nécessité des crises, et de l'autre l'abus qu'on en peut faire.

344. Un médecin pénétré de la doctrine du magnétisme animal, et fidèle observateur des effets des crises, en tirera tout le bien qu'elle présente et se garantira du mal de leur abus.

FIN DES APHORISMES DE MESMER.

TABLE DES MATIÈRES

LES MERVEILLES DU MAGNÉTISME

APHORISMES DE MESMER

IMP. DE PILLET FILS AINÉ, RUE DES GR.-AUGUSTINS, 5.

BIBLIOTHÈQUE DES CON[illegible]

PAR UNE SOCIÉTÉ DE SAVANTS, DE [illegible] D'AR[illegible]

70 à 80 volumes format in-[illegible]

Manuel du bon ton et de la politesse française, par [illegible]
Guide-Manuel pour le choix d'un état industriel, par [illegible]
Manuel du secrétaire français, lettres, pétitions, formules [illegible]

Avis. — Les vol. suivants de la Bibliothèque des [illegible] nous avons acquis la propriété paraîtront successivement [illegible] le samedi de chaque semaine dans la Bibliothèque des [illegible]

Précis élémentaire de comptabilité et de tenue de livres, [illegible]
Manuel des amusements de chimie, par Henri Lafontaine [illegible]
Philosophie des sciences (physique, chimie, botanique, [illegible]
Traité élémentaire d'électricité, d'ap. M. Becquerel, par Dujardin [illegible]
Des paratonnerres et détails sur leur construction, par Gay-Lussac [illegible]
Le secret des inventions ou l'art d'observer, par Henri Lafontaine [illegible]
Algèbre et logarithmes, par A. R. Saint-Victor [illegible]
Traité élémentaire d'arithmétique générale, par J. Adhémar, etc. [illegible]
Traité du change et des opérations de banque, par Jules Garn[illegible]
Eléments de géométrie, avec 400 figures, par E. Pyrol[illegible]
Traité de géographie physique, avec 3 cartes, par E. de Bretigny [illegible]
Traité des applications de la chaleur, d'après MM. Grouvelle, etc. [illegible]
Id., id. Atlas de 9 pl. repr. 164 sujets de machines, instr., appareils [illegible]
Traité élémentaire de la lumière, par Ajasson de Grandsagne [illegible]
Cours élémentaire de botanique g^le, d'ap. A. Richard, par J. Schiller [illegible]
Petit dictionnaire de marine, d'après M. Willaumez, par E. Lamy [illegible]
Traité élémentaire de marine, avec 2 planches, par J. Lecomte [illegible]
Introduction à la mécanique et à la physique, par A. de Grandsagne [illegible]
Traité élémentaire de mécanique des solides, par le même [illegible]
Méthode élémentaire de dessin et de perspective, par Daix et Parrot [illegible]
Id., id. Atlas, 1 vol. de 60 planches in-4º oblong, comptant comme [illegible]
L'Art d'étudier avec fruit, par A. de Grandsagne, Julien et Parisot [illegible]
Traité élémentaire des machines à vapeur, par A. de Grandsagne [illegible]
Traité de chimie inorganique ou minérale, par Jules Rossignon [illegible]

Nota. — Il reste encore quelques exemplaires des ouvrages suivants [illegible] Bibliothèque des sciences et des arts qui se trouvent à la même librairie [illegible]

Manipulations chimiques, par A. de Grandsagne et Jules Rossignon [illegible]
Traité élémentaire de chimie agricole, par Jules Rossignon [illegible]
Ossements fossiles, par M. J. J. Huot [illegible]
Coquilles fossiles, d'après M. Deshayes [illegible]
Histoire de la chimie, par Ajasson de Grandsagne et C. H. [illegible]
Laboratoire de chimie, ustensils, appareils, etc., par Grandsagne [illegible]
Nouveau discours sur les révolutions du globe, par A. de G. et P... [illegible]
Principes généraux de commerce, par M. Malepeyre aîné, avocat [illegible]
Notions générales sur l'industrie, par A. de Grandsagne et Parisot. [illegible]
Physique. — Théorie de la chaleur [illegible]
Traité élémentaire de la mécanique des fluides, p A. de Grandsagne. [illegible]
Traité de chimie organique végétale et animale, par J. Rossignon.... 6

Paris. — Imprimerie de Pillet fils aîné, rue des Grands Augustins, 5.